世界国防科技年度发展报告（2017）

军用建模仿真领域发展报告

JUN YONG JIAN MO FANG ZHEN LING YU FA ZHAN BAO GAO

中国航天科工集团第二研究院二〇八所
北京仿真中心

国防工业出版社
·北京·

图书在版编目（CIP）数据

军用建模仿真领域发展报告 / 中国航天科工集团第二研究院二〇八所编．—北京：国防工业出版社，2018.4

（世界国防科技年度发展报告．2017）

ISBN 978-7-118-11626-7

Ⅰ．①军…　Ⅱ．①中…　Ⅲ．①军事技术—系统建模—科技发展—研究报告—世界—2017　②军事技术—系统仿真—科技发展—研究报告—世界—2017　Ⅳ．①E9

中国版本图书馆 CIP 数据核字（2018）第 101759 号

军用建模仿真领域发展报告

编　　者　中国航天科工集团第二研究院二〇八所
北京仿真中心

责任编辑　汪淳　王鑫

出版发行　国防工业出版社

地　　址　北京市海淀区紫竹院南路 23 号　100048

印　　刷　北京龙世杰印刷有限公司

开　　本　710×1000　1/16

印　　张　19

字　　数　220 千字

版 印 次　2018 年 4 月第 1 版第 1 次印刷

定　　价　112.00 元

《军用建模仿真领域发展报告》

编辑部

主　　编　张海峰

副主编　李　莉　孙　磊　宰　璐

编　　辑（按姓氏笔画排序）

李亚雯　张保庆　陈雅萍　贾晨阳

徐拓野　郭彦江

《军用建模仿真领域发展报告》

审稿人员（按姓氏笔画排序）

审　定	张海峰	熊新平		
审　稿	丁刚毅	王积鹏	孔文华	
	朱文海	杨　明	杨　凯	
	杨俊陵	杨镜宇	李国雄	
	吴　勤	吴　静	费锦东	
	卿杜政	高雁玲		

撰稿人员（按姓氏笔画排序）

丁刚毅	马　萍	王　涛	王明俊
王维平	孔文华	冯　芒	朱一凡
刘立昊	刘虹麟	孙　磊	杜晓明
杨　明	杨　凯	杨镜宇	李　伟
李　莉	李　景	李小波	李晓文
吴　浩	谷　雨	张　冰	张　昱

张　晗　张保庆　周　敏　耿化品

聂　帅　卿杜政　高雁玲　常钟伟

崔　鹏　梁海燕　董正宏　雷永林

蔡继红　裴国旭　熊新平　潘　鑫

薛　昭

编写说明

当前，世界新一轮科技革命和军事革命加速推进，科技创新正成为重塑世界格局、创造人类未来的主导力量，以人工智能、大数据、云计算、网络信息、生物交叉，以及新材料、新能源等为代表的前沿科技迅猛发展，为军队战斗力带来巨大增值空间。因此，军事强国都高度重视战略前沿技术和基础科技的布局、投入和研发，以期通过发展先进科学技术来赢得未来军事斗争的战略主动权。为帮助对国防科技感兴趣的广大读者全面、深入了解世界国防科技发展的最新动向，我们秉承开放、协同、融合、共享的理念，组织国内科技信息研究机构的有关力量，围绕主要国家国防科技综合发展和重点领域发展态势开展密切跟踪和分析，并在此基础上共同编撰了《世界国防科技年度发展报告》(2017)。

《世界国防科技年度发展报告》(2017)由综合动向分析、重要专题分析和附录三部分构成。旨在通过持续跟踪研究世界国防科技各领域发展态势，深入分析国防科技发展重大热点问题，形成一批具有参考使用价值的研究成果，希冀能为实现创新超越提供有力的科技信息支撑，发挥“服务创新、支撑管理、引领发展”的积极作用。

由于编写时间仓促，且受信息来源、研究经验和编写能力所限，疏漏和不当之处在所难免，敬请广大读者批评指正。

军事科学院军事科学信息研究中心

2018 年 4 月

前　言

仿真技术是以相似原理、信息技术、系统技术以及应用领域相关的专业技术为基础，以计算机和专用设备为工具，利用系统模型对实际系统或假想的系统进行动态试验研究的一门多学科综合性技术，已成为21世纪认识和改造世界的重要手段。世界各军事大国均认识到仿真技术在军事领域的巨大作用，将军用仿真领域的竞争视为现代化战争的“超前智能较量”，并把建模与仿真看作是“军队和经费效率的倍增器”和影响国家安全及繁荣的关键技术之一。军用仿真系统成为研究未来战争、设计未来装备、支撑战法评估、训法创新和装备建设的有效手段，并贯穿于武器装备的体系规划、发展论证、工程研制、试验鉴定与评估、作战使用研究、综合保障直至报废全生命周期。

本书旨在系统梳理2017年军用建模仿真领域的发展动向，积累基本情况，夯实研究基础，供大家及时、准确、系统、全面地掌握军用建模仿真领域的发展动态。本书包括综合动向分析、重要专题分析、附录三部分。综合动向分析部分主要对2017年军用建模与仿真技术、系统建模与系统仿真技术、仿真支撑环境与平台技术、试验仿真技术、仿真应用技术、军事训练仿真技术等发展情况进行系统梳理；重要专题分析部分共计15篇研究报告，对2017年关注的热点（如作战推演、数字孪生、大数据等）进行重点分析，新增赛博对抗、航天靶场、美军训练系统、多智能体、多范式建模技术、基于仿真的采办及DARPA机构等建模仿真方向的分析和研讨，分析仿真技术在战争样式设计、新型武器装备发展、武器装备体系构建、试验鉴定、评估和训练等方面的应用情况；附录部分对 2017 年军用建模与仿真技术领域重大事件进行简述。

本报告在系统编撰思想的指导下，以“小核心、大外围”的组织方式，由北京仿真中心和中国航天科工集团第二研究院二〇八所联合优势力量牵头组织编写，组织北京仿真中心及其复杂产品智能制造系统技术国家重点实验室和航天系统仿真重点实验室、中国航天科工集团第二研究院二〇八所、北京机电工程研究所及其复杂系统控制与智能协同技术重点实验室、中国电子科技集团公司电子科学研究院、中国电子科技集团公司第二十八研究所、北京理工大学软件学院、哈尔滨工业大学控制与仿真中心、国防大学、国防科技大学系统工程学院、航天工程大学航天信息学院、航天工程大学士官学校等仿真领域相关单位的专家共同完成。在此感谢熊新平、张海峰、李国雄、朱文海、费锦东、杨凯、卿杜政、杨俊陵、杨明、吴静、丁刚毅、孔文华、王积鹏、杨镜宇、吴勤、高雁玲等多位专家对本书的编写提出的宝贵建议和意见。

尽管参加编撰的人员做了很大努力，但由于时间紧张，同时受到公开信息来源以及分析研究能力所限，错误和疏漏之处在所难免，敬请广大读者批评指正。

编者
2018 年 3 月

目　录

综合动向分析

重要专题分析

附录

ZONG HE

DONG XIANG FEN XI

综合动向分析

2017 年军用建模仿真领域发展综述

2017 年，各国推动建模仿真在基础理论与方法、顶层架构、装备全生命周期、军事演习、作战训练与保障等方面取得重要进展，建模仿真应用能力不断提升、军事应用不断深化。

一、强化军用建模与仿真顶层架构

各国致力于解决军用建模与仿真系统开发与应用中的关键问题，继续强化完善顶层架构设计，制定与完善新标准、新体系和相适应政策，以应对未来复杂环境战场的建模与仿真的挑战。

（一）美国重视体系的标准化与规范化

1. 国防部更新建模与仿真目录

2017 年 8 月 17 日，在网络安全与信息系统信息分析中心（Cyber Security & Information Systems Information Analysis Center，CSIAC）的研讨会上，美国国防部阐述了建模与仿真战略愿景和目标，主要目标是促进整个国防部企业工具、数据和信息共享，实现模型、仿真和相关数据的重用和互操作性，提供国防企业建模和仿真资源的可视化。美国国防部建模与仿真协调办公室建立了国防建模与仿真目录支持可视化、资源共享及重用，补充了国防企业元数据卡建造资源（Enterprise Metacard Builder Resource，EMBR）工具并发布 2.0 版本，提供更多的增强功能便于用户灵活管理资源。

2. 美国空军推进训练系统通用架构标准

美国空军一直致力于实现其训练系统的通用性，宣布将于 2018 年 4 月发布仿真器通用架构要求和标准（Simulator Common Architecture Requirements and Standards，SCARS）的征询方案，旨在开发能适应并响应动态网络安全环境的训练体系结构。2017 年 11 月 29 日，为最初的远程扫描和架构概念发布了 11 个探路者合同模块。最终 SCARS 将使 40 多个独特的复杂器基线得到更有效的支撑。为支持 SCARS 计划并增强仿真和训练服务领域竞争优势，10 月 3 日 CAE 美国公司表示，闭环训练和通用数据库等技术是未来成功的基础，闭环训练过程的目标是使用大数据来分析个人的学习情况，通用数据库增强了训练系统标准化趋势。

（二）英国研究结果表明 MSaaS 是未来发展趋势

11 月 29 日，Cohort 公司 SEA 发布英国国防科学与技术实验室（Defence Science and Technology Laboratory，DSTL）仿真体系结构、互操作性和管理（Architectures、Interoperability and Management of Simulations，AIMS）研究项目结果，在仿真和训练、试验和评估、基于仿真的采办等领域的建模仿真即服务（Modelling and Simulation as a Service，MSaaS）支持用户节约成本、提高效率，并提供更好的整体解决方案；其正成为仿真交付战略的重要方法；MSaaS 需要转向新的体系架构，未来仿真系统中仿真服务和资源是独立存在的。

（三）北约推进建模与仿真教育和训练认证

北约建模与仿真系统为培训、教育、决策、采购、概念开发、试验及其他领域提供了支撑，但并未对北约及成员国的规划和管理这些系统的使用资格进行正式授权。7 月 11 日，北约建模与仿真小组推出“北约建模与仿真职业团队发展”活动，开发专业的建模与仿真教育和训练组合，更有效地支持北约及成员国建模与仿真需求认证。

（四）澳大利亚国防部推进国防核心仿真能力建设

2 月28 日，澳大利亚国防部的联合项目 9711——“国防核心仿真能力”（Core Simulation Capability，CSimC）项目要求开发网络训练能力，在全国基础设施上对仿真器进行网络仿真，并提供与美国仿真网络联合军演的能力，以确保在空天、电磁和网络等领域建立联网的未来联合部队。在6 月的“钻石雷霆”演习中强调了这一意图。7 月17 日，选定由诺斯罗普·格鲁曼公司和洛克希德·马丁公司领导的两支团队承担项目研发，12 个月内选出最终承包商。

二、应用仿真系统支撑装备全生命周期研发

美国在新型武器系统研制中大量采用复杂系统仿真技术，全面支持系统的研发测试、实弹测试评估和作战测试。

（一）支撑武器装备研制与评估

仿真系统是辅助决策者论证武器装备发展的量化工具，是解决联合作战条件下武器装备的总体优化和作战能力提升的重要手段。

1. 美国导弹防御局 2018 财年高度关注建模与仿真

5 月24 日，美国国防部发布 2018 财年国防预算申请，导弹防御局预算

申请总额为79亿美元，多个项目涉及应用建模与仿真技术。在“宙斯盾”系统试验项目中，将对“宙斯盾”系统进行建模仿真和地面试验，使导弹防御局和作战司令部掌握“宙斯盾”系统的作战能力。在先进概念与系统评估项目中，为机载先进传感器、杀伤器模块化开发体系架构试验床、事先和事后性能预测与评估等数字仿真及人在回路试验设施提供资金支持，对先进技术概念进行建模、仿真和性能评估。在弹道导弹防御传感器试验项目中，试验前进行数字和半实物仿真。在一体化弹道导弹防御系统项目中，采用建模仿真的方法对弹道导弹防御系统进行评估，在特殊想定场景下验证弹道导弹防御系统应对复杂威胁目标的能力；利用系统与组件级的试验、建模和仿真来验证系统的性能与能力；继续改善系统级的数学仿真以及一体化系统级的地面试验仿真方法。

2. 导弹防御局寻求高保真仿真敌方导弹能力

11 月21 日，美国导弹防御局寻求对敌方导弹目标进行仿真的公司，帮助政府和工业界更好地改进弹道导弹防御系统和使能技术。导弹防御局关注不断演变、扩散且日益复杂的敌方导弹系统，致力于导弹威胁目标建模与仿真，用于开发威胁规范、威胁模型、特征描述、情景和轨迹数据。

3. 美国陆军通过游戏平台评估武器样机性能

8 月23 日，陆军研究与发展司令部联手训练与条令司令部和陆军游戏工作室联合打造“作战高手”的游戏环境，作为“早期合成样机”项目的一部分，项目旨在建立科学家、士兵和工程师的理念与武器样机、设备和战术之间的联系，未来将允许士兵测试武器和战术，并通过对游戏的分析提供即时反馈和数据。在线游戏已于10 月进入 beta 测试阶段。

4. 数字孪生技术首次用于深空探测

11 月17 日，洛克希德·马丁公司发布2018 年将影响国防和军用的六大顶尖技术预测，数字孪生技术列为首位。洛克希德·马丁公司在世界上首次将数字孪生技术运用到深空探测领域。通过数字孪生技术，宇航员将能够实时获得地面人员的指令数据、模拟数据和解决方案，让宇航员能够更加有效地执行数以百计的操作任务。

数字孪生通过集成人工智能、机器学习和传感器数据，创建一个现实模型，以支持物理产品的全寿命周期。洛克希德·马丁公司数字孪生项目负责人表示，虚拟世界和现实世界的配对将允许我们在出现问题之前解决问题，减少损耗和成本，甚至通过建模来规划未来。洛克希德·马丁公司正将这项技术整合到一个产品的初级阶段，让数字孪生能够从一个概念贯穿到一个具体产品的全过程。

（二）支撑半实物仿真验证

9 月27 日，美国空军研究实验室授予 Engility 控股有限公司一份为期5年、价值4900 万美元的不定交付不定量合同，用于继续支持美国空军研究实验室的动能杀伤半实物仿真高级研究技术（Kinetic Kill Hardware – in – the – Loop（KHILS）Simulation Technology for Advanced Research，KSTAR）项目，发展多光谱和多模态现象学建模能力，以帮助空军通过使用集成制导仿真支撑武器系统的研制。

三、推动新兴技术在建模与仿真中的应用

美国国防部不断加大人工智能、量子计算、虚拟现实和机器学习等新兴技术投入，并积极推动在建模仿真领域的应用。

（一）美国国防部推动发展“算法战”

4 月26 日，美国国防部设立“算法战跨职能小组”。“算法战”利用人

工智能技术，从大数据中快速获取军事情报，大幅提高军事决策的速度和效率。该小组开展的首个任务是开发计算机视觉算法，可对无人机收集的海量视频自动处理、利用和分发，实现目标的快速识别和预警，为反恐作战任务提供决策支持。现已完成4套算法研制，即将投入使用。随着“算法战”从概念走向实践，将全面提升情报侦察与监视、作战指挥控制的智能决策水平，引发战争样式新一轮变革。

（二）美国国防高级研究计划局寻求开发先进的作战仿真系统

10月27日，美国国防高级研究计划局（DARPA）为了获取战略评估和管理国家与非国家行为的能力，启动“战略机制设计基础”项目，以便对战略机制进行实际设计和评估。战略机制的开发需要整合博弈论、行为经济学、计算机科学和人工智能方面的最新技术。但问题是，游戏奖励理性行为，如玩家得分最大化，而国家行为往往是非理性的。DARPA研究人员想知道，人工智能和社会科学等领域的进步能否逼真地模拟非理性行为，因此正在积极推进先进作战仿真系统的开发研究。

（三）美国领跑量子计算技术在军事云的应用

3月6日，IBM公司推出全球首个商业“通用”量子计算服务IBM Q。10月24日，IBM公司宣布成功利用一台超级计算机模拟了56量子比特的量子计算机，打破了“量子霸权”的断言。而谷歌发布首个执行量子电路模拟的Open Fermion开源软件。11月24日，IBM公司成功研发50量子位的量子计算原型机，并突破性地将量子计算机的平均相干时间从50微秒提升至90微秒，同时推进量子计算在美国“军事云”的应用，为美军取得非对称优势提供强大计算力保障。

四、仿真技术在训练与演习中广泛应用

军用仿真系统已成为当前军事训练的支撑手段、作战分析的决策依据。2017年，各国借助建模与仿真技术推进各类训练、演习，探索、实践和验证未来作战能力。

（一）在军演中深化仿真训练技术应用

2017年，美国、英国及北约涉及建模与仿真军演就多达17场，被媒体称为“演习年”，重点涉及多种新兴技术的融合支持作战训练，主要演习涉及以下几个方面。

（1）美国海军研究局的“斯巴达新兴技术与创新周”演习，使用交互式战术决策游戏、增强沉浸式团队训练系统以及基于四旋翼无人机的地形快速测量与建模等技术，帮助陆战队士兵在安全的课堂环境遂行多种仿真任务，增强战场指挥官在多变的战场环境下快速知情决策能力；美国海军陆战队“闪电剑”训练演习中空中和地面无线电通信与基于仿真器的训练设施相结合的混合式实时合成训练，验证了在实时战术无线电操作人员和集中式演习训练人员间建立联网语音通信的能力；美国陆军“网络探索17”，在完整复制现实主义作战环境的基地中进行一系列网络/电磁行动作战实验活动，围绕网络扩展、态势认知、内部威胁以及网络防御作战能力4个方面开展网络作战力量训练。这些演习中应用新兴技术融入到创建的真实战术情景中，实现对未来想定场景和训练愿景的模拟与仿真，提高执行军事任务的表现。

（2）美国空军常规举行的大规模模拟空战演习如“红旗”演习和第11次“施里弗”演习、2017年首次尝试的两次“太空旗帜”演习和太空网络

挑战赛、美国网络司令部“网络卫士”以及美国战略司令部“全球哨兵 2017”演习中，采用计算机模拟网络与空间作战环境，将指挥太空及网络系统的方式与全球作战效能结合起来，并首次在演习场景增添了现实世界背景，演示、验证美军“多域战”能力。这 6 场演习充分展现美军对空、天、网作战的重视及未来重点发展趋势，在应用建模与仿真技术构建模拟作战环境方面已获得与现实训练几乎一致的能力。

（3）英国“红风筝”分布式训练演习、“铁龙”演习、英国联合作战司令部“一站式”发展战略演习等，在模拟与仿真具有代表性的真实世界场景下进行训练，推进双向分布式综合训练及分布式合成空地训练（Distributed Synthetic Air Land Training，DSALT）能力，验证“一站式”发展战略以及英国联合作战司令部训练目标。

（4）北约在使用“霸权”计算机模拟波罗的海作战演习，举办世界上规模最大和最先进的网络防御演习“锁定盾牌 2017”，融合 11 个国家/组织的多个仿真系统进行的“联合勇士互操作性探索、实验、评估和演习”（Coalition Warrior Interoperability eXploration，eXperimentation，eXamination，eXercise，CWIX）2017，测试 8 个国家的综合防空和导弹防御能力的“强大盾牌”海上训练等演习中，使用构建的虚拟国家网络和军事基地等目标，不断探索和验证北约防御任务、网络防御、建模与仿真重点领域、综合防空和导弹防御能力等方面的作战能力。这些演习同时证明了仿真服务可以支持指挥官和参与人员在演习期间的训练，在作战中的决策或预测能力，以及试验和开发新的作战概念、理论和程序的能力。

（二）美国利用仿真系统完善“多域战”概念

未来战场形态涉及城市作战、多地区作战、多领域作战、多军兵种作战、联合作战、多国作战等，跨所有作战域的作战执行能力则需要无缝的指挥与控制结构。

1. 洛克希德·马丁公司开展两次“多域战”推演

洛克希德·马丁公司针对“多域战”概念进行一系列作战演习，探索发展“反介入/区域拒止”的作战能力，以及相应的作战概念和武器运用。4 月11 日和11 月27 日，洛克希德·马丁公司先后开展了两次“多域战”推演，推演中应用多种适应多域战的作战系统，实现从“多域战”概念推演到“多域指挥控制”推演，研究如何跨域指挥和控制，提高美军空中、太空和网络领域的协同作战能力，重点研究了如何使作战人员更好地嵌入到作战决策回路中。

2. DARPA 研发太空作战虚拟实验室

11 月14 日，DARPA 向 BAE 系统公司授予价值高达 1280 万美元的合同，用于开发数字化实验室，支持美军快速评估和整合太空指挥和控制技术。该项目称为“标记”，将建立一个虚拟的太空战区，一方面协助美军指挥官更好地了解太空环境和潜在的威胁；另一方面训练指挥官开展多域作战，对在太空、陆、海、空或网络中收集的数据进行整合和分析，为同时开展的空间和地面任务提供支持。该项目的第一阶段是研发试验床，侧重于态势感知和指挥控制技术。项目的下一个阶段是在弗吉尼亚北部建立“标记”空间评估和分析能力中心，用于太空指挥控制软件和程序的开发、集成、建模、仿真和测试。

（三）虚拟训练成为军事训练主要手段

仿真技术发展将有助于实现训练领域所需的变革。美国国防部下一代训练战略提出，集成实况—虚拟—构造（Live，Virtual and Constructive，LVC）能力和提升驻地联合训练等主流训练手段的精度水平，作为建立平衡多样化联合作战部队的重要组成部分。

1. 美国空军投资发展 LVC 技术

3 月3 日，在空军协会的年度空战研讨会上，美国空军高层表示将运用 LVC 技术帮助飞行员做好应对未来多领域、跨学科的融合作战准备。该作战模式将把陆、海、空、天、网等领域的所有力量融合在一起。美国空军希望在采办前开展更多试验，以充分发挥 LVC 技术诸多优势，如空军正寻求利用 LVC 技术的一种商业化的近距空中支援方案，即 OA – X。

2. 美军加速增强现实在训练中的应用

美军对增强现实和虚拟现实训练的投资在 10 年内持续增长，到 2020 年几乎所有的训练活动将包括某种混合现实组件。虚拟训练项目价格上更便宜，受训人员更安全，有助于缩短战备差距。

2 月28 日，罗克韦尔·柯林斯公司推出国防训练领域的首创系统——聚结混合现实系统，将真实世界与合成环境相融合，提供了一个无缝增强的混合现实，提高学习和训练的效果。

合成训练环境是一项增强现实训练，旨在提高士兵在各种环境中的战备能力。通过利用一个世界地形（One World Terrain，OWT）建立多种场景来训练现役和预备役部队。OWT 研究项目将为基于地理空间数据的仿真创建三维地形，以模拟现实环境。8 月 21 日，美国陆军研究实验室、南加州大学创新技术研究所、联合兵种中心和仿真、训练和仪器项目执行办公室正在研发该项目。

3. 俄罗斯军方引进虚拟现实技术操控无人机

俄罗斯军方正在为无人机操控人员配备虚拟现实头盔，佩戴人员不仅可以观察到由无人机摄像头拍摄传回的战场实况，还能通过转动头部及双眼来操控无人机。该头盔由俄罗斯国防部机器人研发测试中心（GNIITs）和马里州立大学合作研发，代号为“斯瓦洛格”（Svarog）。头盔的显示器上左右各有一个屏幕呈现3D图像。头盔上还配有能够感应眼睛和头部转动的传感器，从而更准确地模拟现实。“斯瓦洛格”头盔正在进行测试，将很快交付俄军。

4. CAE仿真和培训公司与罗克韦尔·柯林斯公司合推LVC技术

11月28日，CAE仿真和培训公司与罗克韦尔·柯林斯公司在2017跨军种/工业界训练、仿真与教育会议展会上进行两场实况—虚拟—构造集成域（Integrated－Live，Virtual and Constructive，I－LVC）演示活动。演示活动将汇集海军作战系统仿真器和远程驾驶飞机桌面训练系统等虚拟元素，以及包括攻击直升机和地空导弹在内的构造实体。爱荷华大学操作员性能实验室将运行一台真实的L29飞机。此次演示使用不同的图像生成器、不同的计算机生成兵力、混合分布交互式仿真和高层体系结构，展示如何使用美国国家安全局在4个安全飞地的领域守卫，为演习提供4个级别的网络安全。12月7日，两个公司又合作推进LVC分布式训练演习能力，这次合作对于F－35等第五代飞机上的先进武器和传感器系统至关重要。

5. 以色列空军采用虚拟现实技术支持维修训练

以色列空军教育研究和开发部门开发了用于维修训练的虚拟现实头盔和3D模型，培训维修工程师和技术人员。该系统采用两种方式生成虚拟现实环境：一种是使用计算机生成的图像显示沉浸式3D环境；另一种使用照片的环境。目前，以色列空军已经建立了一个由5个工作站和1个指挥控制站组成的虚拟现实室。

五、结束语

从2017年军用建模与仿真技术领域重点事件来看，以美国为代表的仿真技术优势国家在战略规划、装备发展、作战训练等需求牵引下，以应用新兴技术为推动力，加快推进建模与仿真技术在军事各领域的发展与应用，使仿真技术加速向网络化、虚拟化、智能化、协同化、服务化、普适化方向发展。

（北京仿真中心　熊新平　孙磊）

（中国航天科工集团第二研究院二〇八所　李莉　高雁玲　张保庆）

2017 年系统建模与系统仿真技术发展综述

2017 年世界各国军队继续大力推动建模与仿真技术的研发与应用，呈现出众多热点、亮点，其中最重要的莫过于高性能计算、云计算、大数据、人工智能等新一代信息技术与建模仿真技术进一步深度融合，使建模仿真的潜力得到进一步的释放，大大提升了建模仿真技术的支撑复杂应用需求的能力。实况—虚拟—构造（Live－Virtual－Constructive，LVC）仿真技术、网络战建模与仿真技术、先进导弹防御仿真技术、建模与仿真校核、验证与确认（Verification，Validation and Accreditation，VV&A）等复杂系统建模与仿真关键技术成为建模与仿真发展热点。各国军方积极探索有效推动建模与仿真技术未来发展的长远战略，以期在国家战略能力竞争中获得更大优势。

一、积极推进高性能仿真计算和云智能仿真快速发展

2017 年，各国加大以量子计算机为代表的新一代高性能仿真计算平台研制。同时，基于云计算和大数据的新一代人工智能发展受到各国的高度

重视，已经开始深刻影响建模与仿真技术的走向。主要进展有以下几个方面。

（一）量子计算机研发加速并开始应用

美国谷歌公司和 IBM 公司是全球量子计算机研发领域两个最主要的竞争者。10 月，谷歌公司发布了首款可将化学和材料科学问题转化为量子电路仿真的开源软件 Open Fermion；IBM 则宣布成功利用一台超级计算机模拟了 56 量子比特的量子计算机，仅用 4.5 太字节，打破了目前 49 量子比特的超级计算机的计算极限。美国国防创新单元实验室（Defense Innovation Unit Experimental，DIUx）预计量子计算将把预算决策的速度和准确性提高一个数量级。11 月 20 日，日本也宣布，位于神奈川县的日本电报电话公司物性科学基础研究所等成功研发了超高性能的新型量子计算机，可以瞬间解析传统计算机不易解开的复杂算法，将向用户开放试用。

（二）挖掘现有超级计算机的仿真应用潜力

美国国防部委托 SOL 公司为保持国防实验室在研究、测试、计算机仿真高性能计算方面的技术优势提供支撑服务。美国航空航天局 5 月举办“高性能快速计算挑战”挑战赛，寻求将其使用的计算流体动力仿真软件 FUN3D 在“昴宿星”超级计算机上的运算速度提高 10 ~ 10000 倍且不降低计算精度的方法。英国源讯公司 7 月获得英国原子武器研究所的合同，安装一台新的 Bull Sequana X1000 超级计算机，理论峰值性能为 4.3Petaflops（每秒 430 万次操作），用于“三叉戟”核弹头爆炸情况的仿真。

（三）加快研究新一代高性能仿真计算技术

3 月，美国国防高级研究计划局（DARPA）发布基于分子化学的下一代计算概念研究计划，其重点是研究、利用广泛的分子结构特征和属性对数据进行编辑与操作，以取代基于冯·诺依曼体系结构的二进制数字逻辑。

分子信息学项目面临的最大挑战是利用全新的非二进制信息结构。6 月，美国空军研究实验室与 IBM 公司合作开发了一台超级计算机，使用 64 位芯片的神经突触系统阵列以及感官处理和模式识别工具，帮助用户发现信息并促进神经网络学习。

（四）基于云计算和大数据的智能仿真技术不断升温

近年来，基于云计算和大数据基础上的人工智能受到各国的高度重视，纷纷加大投入力度开展研究。2017 财年，美国国防部在相关领域投入高达 74 亿美元，比 2012 财年增加 32%，并已经开始深刻影响建模与仿真技术的走向。

1. 加快军用云仿真平台布局

美国国防部成立云执行指导小组，由国防数字服务处主任牵头负责加快采用商用云基础设施和平台服务；发布实现云服务能力的信息征询书，向私营部门寻求加速采用企业云的相关建议。2017 年夏季仿真会议深入探讨建模仿真即服务（Modeling and Simulation as a Service，MSaaS）技术，汇集来自学术界、工业、国防部和政府的研究人员与实践者，提供经典案例和创新思路，以解决 MSaaS 理论方法、工具平台和应用方案等问题。北约建模与仿真卓越中心也主办 MSaaS 研讨会议，主题是快速部署可互操作和可信的仿真环境，并提出了 MSaaS 操作概念文档和治理概念草案。以色列 Elbit 系统公司则基于云仿真环境提供的通用综合自然环境来连接两个远距离空军训练仿真器，实现仿真设备在私有云合成环境中的安全实时交互。

2. 加快智能算法研究

美国国防部副部长罗伯特·沃克 4 月签发成立“算法战跨职能小组”（Algorithmic Warfare Cross Functional Team，AWCFT）的备忘录，希望通过该机构推动国防部加速融入人工智能、大数据及机器学习等关键技术，将国防部的大量数据快速转换为具有实际价值的情报及思路。AWCFT 的首个任务是研究智能算法，利用 MQ－9 和 MQ－19 无人机平台的全动态视频传感器数据，进行战争博弈、建模仿真以及指示告警。AWCFT 最终目标是将人工智能和其他尖端技术扩展到国防部运营的各个方面，并成立国防部机器学习中心。2017 年，美国陆军持续推进计算神经科学研究，探索和利用神经生理学数据流的信号处理、统计分析和机器学习技术为复杂军事作战环境研究服务。美国空军也在利用机器学习、人工智能和数据挖掘技术实现对数据的利用，以加速和改进决策，优化资源分配和态势预测。

3. 人工智能与仿真更加紧密融合

美国空军研究实验室（AFRL）正在开展“忠诚僚机”自主飞行研究项目，希望将无人机从编程自动飞行转变为具有决策能力的平台。AFRL 将通过仿真智能算法和组件进行全面测试。DARPA 也启动了一项名为“保障自治”的研究，通过改进无人机、无人车辆等自主系统的安全理念和计算方式，提高其安全性和处理复杂环境中各种变量的能力，建模与仿真等技术创新是实现机器自治性的基础。DARPA 还公布了“可靠自主性”项目，其目的是寻求创新的多领域建模方法来表现“学习使能的自主信息物理系统”，研究确保“学习使能的自主信息物理系统”长期可靠性的方案和验证平台。5 月，极光飞行科学公司的机组人员驾驶舱自动化系统成功在波音 737－800NG 仿真器上进行了自主飞行能力验证，此前该系统已经分别在“钻石”DA42、塞斯纳 208“大篷车”、UH－1 直升机等上进行了成功验证。约翰·霍普金斯大学进行了基于脑机接口的飞行仿真控制试验，通过植入到设定目标运动皮层中的 2 组 96 个微电子阵列，实现在飞行仿真器环境中灵活地控制飞机。美国陆军研究实验室开发了一种新颖、通用的原则框架——“特权感知框架”（Privileged Sensing Framework，PSF），在保护人的基本、核心和关键决策权的同时，使机器人等自主系统能够探知和缓解人的决策导致的失误甚至是灾难。一系列仿真实验表明，PSF 极大提高了人—自主联合性能。美国情报高级研究计划局开展了地缘政治“混合预测竞赛”，旨在综合利用人与计算机系统各自的长处，改进世界范围内地缘政治问题预测的准确性，包括外国政治选举、国家间冲突、重大疫情以及财经数据。

4. 深入挖掘大数据军事应用潜力

欧洲防务局于 2016 年 9 月启动了“国防建模与仿真中的大数据”（Big Data in Defense Modeling and Simulation，BIDADEMS）研究，力图更好地理解大数据在国防尤其是建模与仿真领域的方法、技术及应用潜力。在建模与仿真领域，大数据有助于简化军事仿真设计，生成更逼真的模拟场景与环境，提高对模拟结果的利用水平，甚至有机会将仿真与建模支持应用于军事试验与鉴定活动。该研究为欧洲防务局及欧盟成员国的未来工作提出了建议，主要包括：①未来，应考虑利用云计算来设计建模与仿真应用程序，即创建基于云的环境，为新型数据集的分析工作建立“沙盒”测试区。②进一步研究数据/视觉分析技术的应用以及建模与仿真模型中的数据分析应用，重点研究对象包括：一是经过预测分析可用作建模与仿真模型输入的模型及数据；二是当前的数据挖掘技术及其对建模与仿真输出数据的适用性。③鉴于大数据技术的高创新率，有必要针对分析人员进行新数据分析技术的培训，同时针对建模与仿真开发人员进行“大数据”注意事项提醒，以利于未来模型开发。BIDADEMS 研究成果为欧洲防务局参加第二届“欧洲地理信息学研讨会暨大数据展览会”和“2017 年全球大数据防务峰会”（两次会议都于 2017 年 6 月在柏林举行）提供了重要支持。而且，该研究还推动欧洲防务局仿真能力技术团队启动了一项新研究项目——MOD-

SIMMET，该项目致力于探索如何运用多种技术方法来构建类似混合战争这种复杂的场景，如以大数据和人工智能为支撑的数据耕耘和兵棋推演等。未来，针对大量真实及模拟数据的收集、存储、分析及管理将会越来越多，大数据工具和方法的应用将成为欧洲防务局持续关注的问题。

仿真平台云化发展已成大势所趋，我国宜顺应技术发展潮流，依托我国云计算平台与国际同步发展的技术优势，积极推进建模与仿真资源和各类云平台的对接、融合，加快云仿真标准研究与推广，尽快形成满足我国广泛仿真应用需求的国家级仿真云基础设施。包括我国在内的世界主要国家 2016 年以来均已发布新一代人工智能发展战略规划，预计未来几十年，在高性能计算、大数据、机器学习等关键技术支撑下的新一代人工智能将迎来更快速的发展。人工智能与仿真技术关系向来十分紧密，建模与仿真学术界、工业界和广大用户都应更加积极拥抱新一代人工智能技术，促进人工智能与仿真技术更加紧密融合，共同加速发展。

二、不断提升网络电磁战建模与仿真技术能力

近年来，网络战建模与仿真能力已成为各国打造一流网络攻防对抗实力的核心抓手，2017 年该领域的主要进展包括以下几个方面。

（一）积极推进网络战仿真环境建设

4 月，DARPA 委托罗克韦尔・柯林斯公司基于数学推理的安全微内核、应用程序代码的自动生成以及结构模型建模和分析等技术，研究保护平台免受网络攻击的方法。7 月，美国陆军开启了陆军网络研究分析实验室，为工业和联邦资助的合作伙伴（包括大学）提供高度敏感的实时网络安全数据和 3 个分布式计算集群，以满足网络防御作战分析和人员培训等仿真需

求。Metova CyberCENTS 公司不断更新无风险的持续培训环境 SLAM－R，基于业界领先的网络攻击仿真和仿真技术，构造了一个真实的“任务伙伴”网络空间仿真环境。北约任务小组 MSG－124 利用数据耕种技术服务作战防御计划和网络防御决策仿真，开发了数据耕种决策支持工具 DFTOP 和基于 Agent 的数据可耕种可操作的网络防御模型 DACDAM，允许数据和过程不分类建模。

（二）打造全方位电子频谱战能力

美国陆军广泛寻求工业部门的相关能力，以推动电子战规划与管理工具（Electronic Warfare Program Management Tool，EWPMT）系统的设计、建造、集成、试验、交付和维护。3 月，诺斯罗普·格鲁曼公司阿默斯特系统业务部门向萨博 AB 公司交付了一款作战电磁环境仿真器（Combat Electromagnetic Environment Simulator，CEESIM），用于 JAS 39“鹰狮”多功能战斗机上进行飞机测试；该公司还为美国海军建设测试和评估飞机电子系统及其响应电子战威胁的性能的设施提供支持。4 月，DARPA 宣布，下一代电磁频谱仿真器“罗马竞技场”正式投入使用，为电磁频谱军民应用测试仿真提供有力支撑；同时，积极推动“认知电子战”技术开发、试验和验证，有望在 10 年内实现自主对抗敌方系统能力，确保美军在电子战领域领先于对手。4 月，卷云实时处理系统公司获得澳大利亚皇家海军战术电子战仿真训练系统合同，为澳大利亚皇家海军设计和开发先进海上训练系统，能够产生仿真物理和电子攻击的场景，复制各类船舶及海上电子战系统的布局。此外，美国海军近年来大力投资研发“电磁机动战”虚拟试验平台等相关技术，以获取制海权以及海战制胜能力。

（三）积极探索社交媒体仿真技术

2 月，DARPA 提出在线社会行为计算仿真（SocialSim）计划，寻求开发能够仿真在线信息传播和演变的技术，并评估其准确性和可扩展性。美国军方还使用商业仿真工具生成匿名互联网帖文和社交媒体仿真流量，用于训练情报分析师如何分类社交媒体资讯和在线新闻。

（四）网络靶场技术日臻成熟开始广泛应用

5 月，美国陆军启动网络靶场市场研究计划，以帮助确立国家网络靶场未来长期运营支撑战略。ManTech 公司也推出了先进的网络靶场环境，为客户提供军事级别的网络培训、测试和评估服务。日本 Ni 网络安全公司基于 Cyberbit Range 平台建设的东京虎门新网络靶场训练设施 6 月正式落成开幕，将为 2020 年奥运会的网络安全防御人员培训提供支撑。

三、积极探索面向新战略新概念仿真方法

近年来，各种新作战战略和概念不断出现，为建模与仿真提出了新的挑战，各国积极探索利用仿真技术手段支撑新作战战略和概念的不断细化完善与验证评估。广受关注的数字孪生技术开始从概念走向现实。

（一）开展“多域战”仿真

洛克希德·马丁公司基于其战略可视化工具“展览室”、智能空间系统和空军的分布式通用地面系统、战区作战管理核心系统以及空中任务命令管理系统等构建适应多域战的作战仿真系统，支持空军即将从 2018 年秋开始举行的一系列多域指挥控制演习，以测试“真正的多域指挥控制能力”。

（二）DARPA 积极支持新概念仿真技术研究

2017 年，DARPA 支持了多项新概念仿真项目研究，包括：使分析人员能够快速开发出分析国家安全态势模型的“世界建模师”项目；能够针对未来复杂新兴威胁环境下的太空指挥与控制技术进行测试的“标记”测试

平台项目；利用商业游戏技术对“敏捷精确作战”进行多尺度仿真的创新方法；研发先进的作战管理指挥与控制软件和为探索未来远征作战新概念服务的交互式虚拟环境的“远征城市环境适应性作战测试平台原型”项目；获取战略评估和管理国家与非国家行为能力的“战略机制设计基础”项目；旨在赢得或慑止未来冲突的武器系统发展新思路“马赛克战”相关项目等。

（三）北约等组织探索新问题建模与仿真思路

北约建模与仿真协调办公室 2 月启动了“低慢小威胁的建模与仿真”研究，分析建立低慢小高空作战平台的威胁仿真模型，设计应对低慢小威胁的专门系统。俄罗斯先期研究基金会基于对生物机体神经系统的仿真，发现在复合材料结构中建立灵敏的机械应力光学纤维这一未来理念是可行的，能够应用于检测飞机在空中和地面时细微的结构变化，帮助提高飞机飞行的安全性。雷声公司开发的“协同网络/电子战集成火力”评估工具，将通过仿真来评估战争场景中多种武器综合运用决策的成功概率。澳大利亚国防科技集团研制出能够复制并校准月亮不同阶段辐射水平的月球仿真器用于评估夜视技术。

（四）虚拟现实和增强现实技术广泛渗透军事仿真平台

2017 年，虚拟现实和增强现实技术在建模与仿真领域应用进一步深化，相关投资力度不断加大，技术能力水平提升显著。

1. 投资力度不断加大

美国海军空战中心培训系统部 2017 财年批准的合同超过 1400 项，总额超过 10 亿美元，致力于利用虚拟现实、增强现实与混合现实技术等新兴技术建立一个“基准系统”，满足作战人员或团队的各类需求。海军陆战队订购 490 套拥有 3D 投影和增强现实训练模式的新型“室内模拟射击训练”系统，2018 年 9 月将全部到位。

2. 技术能力水平提升显著

乌克兰公司 Program - Ace 推出其基于云的软件即服务（Software as a Service，SaaS）概念的混合增强现实技术平台 MR. ACE，允许用户导入 3D/2D 信息、视频、全息图或其他必要内容进行培训。美国布朗大学科学家开发的新软件使用户能够使用虚拟现实技术远程控制机器人。

3. 虚拟现实和增强现实应用更加深入

俄罗斯军方引进虚拟现实技术操控无人机，并开始利用虚拟现实技术设计航天飞船和模块舱。CRA 公司为美国陆军建立虚拟现实训练接口，能够自动评估参加训练者的技能熟练程度。NASA 使用混合现实技术在宇航员去国际空间站之前对其进行仿真训练。美国海军成功发明增强现实头盔系统（GunnAR），将舰炮联络官与武器系统的信息融合成易理解的可视化信息，为炮手提供操作指导并改善舰炮操作。美国陆军将增强现实技术用于增强士兵任务规划技能，同时开发增强现实技术的头戴显示装备提升士兵态势感知能力。澳大利亚 BAE 系统公司实施沉浸式虚拟现实计划改进战车和舰船的研发制造。以色列空军也在使用虚拟现实头盔和 3D 模型为技术人员和工程师提供维修训练。

（五）积极推动数字孪生从概念走向现实

数字孪生的概念最早出现于 2003 年，由格里夫斯教授在美国密歇根大学的产品生命周期管理课程上首先提出，并于 2014 年在其所撰写的《数字孪生：通过虚拟工厂镜像实现制造卓越》白皮书中进行了详细的阐述。近年来，数字孪生逐渐成为复杂系统建模与仿真的重要发展方向，受到世界各国的高度重视。据互联网数据中心（IDC）预测，2017 年世界上将有 40% 的大型制造商都会应用虚拟仿真技术来为其生产过程进行建模。中、美、德、法、日、韩等各国近年来纷纷在智能制造领域布局，数字孪生技术是其中的关键性赋能技术，未来将迎来加速发展。

4 月，位于帕图森特河海军航空站的美国海军 MQ－25 项目完成了首次关于航空母舰舰载任务控制系统如何控制信息并将其传输至未来无人机的演示验证。这是一种软硬件结合的产品，采用了代表性的舰载设备和飞行仿真器。PMA－268 团队承担了架构、配置、生产、研发和维护的责任。该团队集成了一种开放的任务系统平台，以支持任务管理、任务规划及传感器控制等应用的重复使用。

11 月国防创新试验小组（DIUx）与工业部门合作，将人工智能、自动化和机器学习技术应用于预测飞机的潜在维护需求。美国 C3 IoT 公司宣布获 DIUx 授予的多年采办合同。根据合同，该公司将为国防部提供一种基于人工智能的预测性维护解决方案，即将人工智能驱动的软件集成到国防部飞机平台上，通过提升航空资产的可用性、降低维护成本，增强其使用价值及任务有效性。这种软件将率先集成到 F－16 战机及 E－3“哨兵”空中警戒和控制系统飞机上，计划在 6 个月内投入生产使用。

美国海军计划于 2018 年 2 月测试“宙斯盾虚拟双机”作战系统。如果试验成功，美国海军可在巡洋舰或驱逐舰上测试新的升级系统，而不干扰舰船的实际作战系统和操作能力。海军航空系统司令部一直在推动基于模型的系统工程，这将彻底改变海军装备设计和测试。

四、全面加强仿真资源管理应用和 VV&A 工作

2017 年世界各重要国家军队加大力度，不断完善 LVC 架构，努力实现各类信息化装备和仿真资源深度融合，构建无缝的 LVC 仿真空间为复杂体系的研究和开发提供支撑。同时，不断加强仿真资源的管理手段建设，深

入推进 VV&A 的研究与应用。

（一）积极构建 LVC 融合仿真体系架构

1. 探索开放式 LVC 仿真架构

美国空军准备发布仿真器通用架构要求和标准的征询方案，估计耗资约5 亿美元，采用新技术将更容易实现仿真器的更新，满足 F－16 的训练组合，并建立 LVC 仿真基础设施服务于 F－35 战机的作战测试。罗克韦尔·柯林斯获得美国国防部2100 万美元合同，生产第二批通用靶场集成仪表系统，以升级空军、海军和陆军的测试靶场，在开放式体系架构的 LVC 仿真环境中支持 F－15、F－16、F/A－18 等多种机型测试。北约建模与仿真卓越中心6 月成功构建由来自 11 个国家/组织的多个仿真系统组成的复杂 LVC 仿真联邦，广泛开展互操作性方面的探索、实验、审查、演习。

2. 积极利用 LVC 仿真提升战争预备能力

美国空军高层表示，正在利用 LVC 仿真技术帮助飞行员为应对未来多领域、跨学科的融合作战做好准备。3 月，美国立方全球防务公司获得美国陆军承包司令部价值超过4200 万美元的合同，为波克堡基地的联合备战训练中心作战小组 LVC 仿真训练提供支撑服务。美国海军委托罗克韦尔·柯林斯公司和莱昂纳多 DRS 公司开发加密的下一代战术训练系统，比现有系统网络带宽增加5 倍以上，能够有效增加 LVC 参训人数。澳大利亚国防军积极构建全国性仿真器网络，构建从简单的建设性仿真到更复杂的 LVC 仿真场景，并能与美国仿真网络互联进行联合军演。

3. 多家公司展示一流 LVC 仿真集成方案

全球仿真领先软件公司 CAE 联合罗克韦尔·柯林斯公司合作推出能够满足 F－35 等第五代飞机研制和飞行训练需要的 LVC 分布式仿真平台解决方案。立方全球防务公司提出 NextTraining™战略，将集成实况—虚拟—构造和游戏（Live，Virtual，Constructive and Gaming，LVC－G）仿真结合起来，用于支持美国陆军的任务训练复杂能力支持项目。

（二）不断加强仿真资源管理手段建设

为促进整个美国国防部企业内模型、仿真和相关数据资源的重用和互操作性，国防部建模与仿真协调办公室建立了国防建模与仿真目录，为建模与仿真组织提供可视化的资源查询和共享服务。国防部建模与仿真协调办公室不断完善目录内容和用户工具，提供更多的增强功能，使用户更灵活地管理和分享资源。美国 CAE 公司则致力于将其仿真器通用体系架构要求和标准应用于覆盖美国空军 40 多个系统的空中训练服务，建立一个通用的开放系统架构。

（三）深入推进 VV&A 研究与应用

5 月，美国机械工程师学会召开大型校核与验证（Verification and Validation，V&V）研讨会，其主题是仿真的校核与验证和不确定性量化的新兴领域。研讨会主要探讨了代码校核、仿真验证、不确定性数学建模和实验数据评估的有效方法。DARPA 的“量化物理系统的不确定性”项目取得重大进展，通过开发数学工具和方法，对建模和设计过程中每个步骤的不确定性进行了验证，有助于提升军用复杂系统的有效性、稳健性和可靠性。为更深入理解社会科学建模的能力和局限性，DARPA 宣布启动“真理根基”研究项目，利用内置“真理根基”因果规则的社会体系仿真作为测试平台，来验证各种社会科学建模方法的准确性。

五、继续推进先进导弹防御仿真技术研究与应用

2017 年，美国等西方国家导弹防御部门积极开展导弹防御仿真技术研

究与应用，支撑导弹防御系统能力不断升级。

（一）积极推进导弹防御仿真技术研究

2017 年美国重点通过对“宙斯盾”系统进行建模仿真和地面试验，将使导弹防御局和作战司令部掌握“宙斯盾”系统的作战能力基线。在先进研究方面，主要关注：先进概念与系统评估，为机载先进传感器、杀伤器模块化开发体系架构试验床；事先和事后性能预测和评估等数字仿真和人在回路试验设施；跟踪、识别和传感器数据融合算法等。导弹防御局还将继续改善系统级的数学仿真以及一体化系统级的地面试验仿真方法，并调查工业界，寻找能够对敌方导弹进行高保真仿真和提供导弹轨迹观测设备的公司，以帮助政府和工业界更好地改进弹道导弹防御系统和关键技术。

位于美国马里兰州劳雷尔的约翰霍普金斯大学应用物理实验室采用高保真度建模与仿真对武器和导弹系统的“端到端”系统级性能进行了关键性预测，以规划和安全地执行首次“标准” -3（SM -3）Block ⅡA 导弹复杂拦截测试。2017 年 10 月，美国陆军航空导弹研发与工程中心的系统仿真与研究分部在联邦商机网发布方案征集公告，寻求两类技术的基础与应用研究。两类技术分别是导弹和航空技术、其他国防技术（空、天、巡航导弹、装甲、高超声速及其他）。导弹和航空技术细分为拦截器、先进仿真、指挥、控制与通信、网络、互用性、需求应用研究、开发测试及其他可应用的国防基础设施先进技术，其他国防技术细分为集成导弹技术、高级建模、目标技术、运输技术、作战分析、战役管理技术、火力控制分析与仿真、定向能技术和其他。

（二）开展多项测试飞行以收集数据验证仿真预测能力

2017 年底，美国陆军和导弹防御局联合开展“爱国者”导弹防御系统与“宙斯盾”弹道导弹防御系统地面与飞行试验，以进行互操作性演示验证并收集数据用于验证建模与仿真。4 月，美国海军在夏威夷成功执行4 次“标准” -6（SM -6）Block Ⅰ导弹飞行测试，以支持在2017 年年底实现全面作战能力的计划。这4 次SM -6 Block Ⅰ发射是一系列“运行记录”的组成部分，成功收集的性能数据验证了建模与仿真的性能预测。

（三）日、英等国扩大导弹防御仿真合作

日本和英国合作开展“联合新型空对空导弹”系统仿真方案研究，旨在通过仿真分析日本导弹技术用于英国导弹系统上的性能。研究计划涉及的系统包括欧洲导弹集团的“流星”超视距空空导弹，方案使用由三菱电机开发的日本导引头技术，目的是通过仿真来提高流星超视距空空导弹的精度和性能。

六、积极谋划建模与仿真未来发展

2017 年美国、北约、欧盟以及澳大利亚等国家和地区军事部门纷纷开展建模与仿真发展战略规划研讨，谋求通过仿真获得更大军事能力优势。

（一）美国

5 月10 日，美国国防部主管采办、技术与后勤的代理副部长签署给国防科学委员会主席的备忘录，授权成立国防科学委员会推演、演习、建模与仿真工作组（Task Force on Gaming，Exercising，Modeling and Simulation，GEMS）。该工作组将在9 个月至18 个月的时间内，全面评估国防部内部GEMS 应用情况，并对如何利用GEMS 加速改进决策提出建议。建议应涵盖支撑信息化决策的广泛活动：权衡复杂的折中方案（例如：采办计划，包括升级/重新定位选项；武器混编计划；成本估计等）；应对复杂的、渐次展开场景的演练以训练部队协同性（包括人—机混成部队）；提示（利用模型增强作战系统，分析剥离有用的“噪声中的信号”，使作战人员可以聚焦最相关的部分）；自主算法、学习算法在各种应用和作战场景中的训练和评估；学习手工和智力技能的演练（例如：学习从潜艇声纳信号中分辨声音，或者与中东地区野蛮部落沟通技巧）。工作组将全面评估国防部有关 GEMS 管理和验证的政策和指南的落实情况，分析存在的差距、障碍和改进空间，特别是应注重发现能够提升共用工具、数据和服务的可见性与可获得性，以及对学习算法进行校核验证的技术。工作组应充分评估 GEMS 在有类似需求的私营部门和政府支持的实验室社群中的实践状况，以确定国防部如何抓住机遇，采纳和调整相关的能力和实践，充分利用 GEMS 提升自身的全局应变速度、敏捷性和信息化决策的能力。

2 月，美军在总结评估 2015 年版采办程序运行情况的基础上，对该程序进行了进一步修订，发布了最新一版国防部 5000. 02 指示，新增了“国防采办系统中的网络安全”的独立附件，同时颁布了 5000. 75 指示“业务系统的需求与采办”，对国防业务系统需求和采办进行专门的、更加详细的规范。新版 5000. 02 指示对部分采办管理的术语进行了调整和完善，如“快速部署能力采办”“快速采办”调整为“应急能力采办”，以及“开放系统体系结构”调整为“模块化开放系统方法”。新版 5000. 02 指示明确了推行模块化开放式方法、多年制采购与风险管理、编制合同签订策略等强制性要求。

美国空军开展“战略发展规划实验”（Strategic Development Planning Experimentation，SDPE）工作，针对美国空军未来装备技术发展制定规划。该 SPDE 小组已针对穿透型制空、穿透型电子战、观察攻击飞机和多域指挥与控制开展规划。SDPE 由情报专家和技术人员共同提出未来的作战概念，指挥官及战斗人员开展兵棋推演来验证这些概念并提出提议，以确保这些作战概念的技术和能力能够经受2030年战略威胁环境的考验。

3月，美国国防部负责研制试验鉴定的代理助理国防部长帮办签发《2016财年研制试验鉴定年度报告》。报告称，2016财年，试验资源管理中心对国防部试验鉴定资源评估与战略规划进行了有效的监督和指导，主要工作包括审查《试验鉴定主计划》，制定试验鉴定战略路线图，研究试验鉴定基础设施，管理“中央试验鉴定投资计划”“试验鉴定科学技术计划”和“联合任务环境试验能力计划”等。通过评估美军作战试验资源，作战试验鉴定局强调应加强以下几个方面的试验资源建设：网络安全“红军”及能力缺陷、空间系统作战试验鉴定威胁、高海拔电磁脉冲试验能力、电子战试验资源改进、第五代航空靶标、自防御试验舰等。

（二）欧洲

4月，欧盟委员会签署了正式启动国防研究筹备行动的最终细节和预算。该项为期3年的计划将研究使用欧盟资金资助支持联盟共同安全防卫政策目标的军事技术的可行性，并预期在2020年后欧盟年度预算中国防研究与开发方面的年度支出将持续增加。第一项研发行动将用于无人空中、地面和水下系统的技术验证机第一阶段工作，寻求建立一个通用体系结构和可支持设计、验证解决方案和训练操作人员的仿真环境。第二个研发行动重点是军力保护和士兵系统。

罗马尼亚陆军为位于Cincu的陆军陆战队作战训练中心开展一项重要的改进计划，以建立一个联合仿真网络，并计划进一步扩展到立陶宛、乌克兰、保加利亚、匈牙利以及德国Grafenwoehr和Hohenfels的北约训练中心，以构建一个欧洲仿真中心网络。罗马尼亚还启动了一个重大基础设施改进计划，涵盖真实发射场、仪器仪表、演习控制、建筑物和飞机跑道，并计划在2020年前完成。

荷兰皇家空军的政策和计划主管指出未来的仿真将会以新的需求为驱动持续增长。到2024年，荷兰皇家空军将在虚拟世界中进行50%的训练。荷兰皇家空军正在探索更广泛的建模与仿真合成环境，以改进关键训练、连通性和通用性。荷兰皇家空军寻求使用建模与仿真来支持决策、任务演练、概念化、采购以及训练。当前进行的项目包括位于De Kooy海军航空站的NH90 FMS安装，采购CH－47 FMS，升级当前AH－64D“长弓”船员训练系统或与FMS的置换升级，以及采购支持RNLAF新兴远程驾驶飞机舰队的训练系统。

（三）北约

7月，北约建模与仿真小组（Modeling and Simulation Group，MSG）向仿真行业通报了最近开始的“北约建模与仿真职业团队发展”活动。目前，北约并没有对北约国家人员规划和管理建模与仿真系统的资格进行正式认证。作为MSG－152推出的新活动，旨在开发专业的建模与仿真教育和培训组合，以及更有效地支持北约国家建模与仿真需求的认证过程，包括：创建北约建模与仿真专业认证流程；创建北约建模与仿真认证流程及其管理规则；定义北约建模与仿真道德守则；定义北约建模与仿真教育课程和布局一般大纲及其内容；探索交付内容的最佳方法；根据欧盟教育框架准确识别能力建设。MSG－152工作组获准公开相关成果，并将持续活动至2020年。

2017年，北约建模与仿真协调办公室宣布“北约建模与仿真小组讨论会”将在葡萄牙里斯本举行，活动主旨是概述目前北约建模与仿真发展和工作，主题是“建模与仿真技术与标准促进联盟互操作性和普适性的建模与仿真应用”。此次会议将探讨向北约提供具有成本效益和有效仿真工具的开发，关注的重点是：现实建模（地形和行为）；建模与仿真即服务；可组合仿真；指挥与控制仿真互操作性；互操作验证测试。

（四）其他国家和地区

澳大利亚国防军目前正在进行包括杰里科计划、空军项目6500和联合项目9711等一系列项目，以增强网络和综合防御能力。工业界和作战指挥官面临的挑战是如何使不同的仿真平台协同工作，以成为国防的综合力量倍增器。洛克希德·马丁澳大利亚公司将在其位于堪培拉的新总部开设示范中心，这是澳大利亚第一次建立这样的大型设施。该公司表示，2017年夏天上线的900米^{2}的演示中心将与洛克希德·马丁公司在美国维吉尼亚的“灯塔”创新中心以及位于墨尔本的新科技、工程和领导力研究实验室构成一个完整的平台。还将提供其他洛克希德·马丁公司实验室的虚拟和实体接口。新的演示中心将由业务分析和建模与仿真专家组成，并允许工业和国防人员共同“探索解决最复杂的挑战”。通过使用网络和虚拟建模，该中心可以探索一系列“假设”的场景，以探索防御设备在一起运作的最佳方式、测试新想法、分析概念并协作开发解决方案。

玻利维亚海军军事学院建立了一个新的商业和军事导航仿真中心——海军技术训练中心。该中心基于TRANSAS集团开发的导航训练系统个人版5000（NTPRO 5000）仿真器是由“俄罗斯软件”和在英国、日本和荷兰制造的戴尔硬件组成。它分为高级全任务桥、监控和指挥控制站和分析/简报室三个主要部分。该系统提供了广泛的培训程序或场景，并可以在商业海事作业中认证海军官员，因为它是符合DNV A级标准的仿真器。

8月，美国国防部启动将负责采办、技术和后勤的国防部副部长办公室重组为两个部门的计划，各由一名副部长领导。其中一名是负责研究和工程的副部长，另一名是负责采办和保障的副部长。该办公室是美国国防部管理建模与仿真工作的重要机构，其重组对美军建模与仿真发展将带来哪些积极影响值得高度关注。近年来，其他国家在建模与仿真技术方面也是动作频频，对此我们也应积极跟踪加强研究。

（哈尔滨工业大学控制与仿真中心　杨明　马萍　张冰　李伟）

2017年仿真支撑环境与平台技术发展综述

仿真平台作为促进仿真“更好、更快、更经济”发展的关键使能技术，涵盖了仿真语言与工具、网络化仿真平台、仿真资源库、仿真可视化、仿真计算机系统等方面的研究，是仿真技术沿着“数字化、虚拟化、网络化、智能化、普适化、协同化”方向发展的重要推手。2017年，以美国为首的西方先进国家，在已有工作基础上，首先，积极推动新兴仿真平台架构从概念愿景向具体的方法研究和应用实践转变；其次，积极拥抱信息技术的新概念和新方法，结合建模与仿真技术的需求，促进仿真平台技术的转型升级；最后，瞄准仿真应用的“痛点”，积极研制和升级实况—虚拟—构造（Live，Virtual and Constructive，LVC）综合仿真、多域作战仿真、复杂社会仿真的支撑平台，取得了诸多重要和进展。

一、新兴的建模仿真体系结构从概念愿景阶段走向理论方法研究和应用实践

2017年，新兴建模与仿真的体系结构实现了从概念愿景阶段逐步走向

具体理论方法研究和应用实践。比较有代表性的是北约提出的“建模仿真即服务”（Modelling and Simulation as a Service，MSaaS）体系架构、美国空军的仿真器通用架构（Simulator Common Architecture Requirements and Standards，SCARS）和计算机辅助工程 CAE 美国公司的通用数据库。

自 2016 年 2 月，北约基于“云计算”思想，提出 MSaaS 新概念，并成立专门的建模与仿真组（MSG－136）任务组致力于该项研究以来，相继于 2017 年 2 月及 10 月主办了 MSaaS 会议、北约建模和仿真小组第 40 次商业会议和北约建模与仿真小组研讨会等一系列会议，确定了 MSG－136 的目标是调查、提出和评估 MSaaS 方法的标准、协议、架构、实施方法和成本效益分析，指出 MSaaS 已进入第二阶段，其主要工作是推动和促进 MsaaS 实施运营。

MSaaS 将面向服务的架构和云计算的优点引入建模与仿真领域，提高了互操作性、可组合性、可重用性，并降低建模与仿真的成本。在 7 月 9 日至 12 日举办的 2017 年夏季仿真会议上，MSaaS 被称为可快速部署、可互操作和可信的仿真环境，为基于服务的建模与仿真生态系统提供技术和组织基础。会议重点在以下三个方面进行了研讨。

（1）理论和方法论：MSaaS 和面向服务；MSaaS 和云服务模式；基于 MSaaS 的并行和分布式仿真；MSaas 参考架构；基于 MSaaS 的建模方法（基于 Web 的建模语言、元模型、模型转换）；基于模型的 MSaaS 方法；校核、验证与确认；服务质量和服务级别协议问题；数据交换和互操作性问题；隐私、安全和所有权问题；同步通信；资源管理、负载均衡和调度；传感器/物联网和多媒体数据管理；成本估算模型；服务说明；MSaaS 本体；MSaaS 管理；MSaaS 标准化。

（2）工具和平台：MSaas 中间件；服务资料库；服务发现、组合和调度；MSaaS 部署；MSaaS 编程模型；开源平台；企业服务总线；公共/私有云提供商；虚拟化和集装箱化；物联网和移动开发。

（3）应用领域和案例研究：军事和国防体系；制造系统；企业管理、财务与经济（业务流程管理、企业资源 规划等）；治理与政策制定；医药保健；空间；目标语言编译器；教育；游戏和娱乐；应急管理和关键基础设施；网络物理系统；网络安全；商业智能；能源管理系统工程（系统体系，超大规模系统）。

在理论方法研究的同时，北约国家已经在开展 MSaas 相关的技术实践与演示活动。2017 年 11 月，Cohort 公司与英国国防科学与技术实验室签订合同，将通过对面向服务的仿真体系结构、互操作性和管理的研究，提供一个透明、灵活的以用户为中心的系统，进一步推动实施范围更广，包含更多服务的 MSaaS 生态系统。另外，11 月在跨军种/工业界训练、仿真与教育会议上，北约通过 6 次系列化的演示活动，展示了 MSaaS 提供的仿真能力。

2017 年，美国空军继续构建开放式架构，在其训练系统内继续努力实现通用性。预计将在 2018 年 4 月发布 SCARS 征询方案。SCARS 是一种支持开发可动态响应网络安全环境的训练体系结构，该体系结构使仿真器更新更容易。美国空军现有仿真器都将进行改造以适应 SCARS 标准。预计在 2019 财政年度签订最终的合同，涉及 3 个系统的转型，最终 SCARS 为美国空军跨越 40 多个系统的空中训练服务建立一个通用的开放系统架构。

10 月 3 日，据简氏国防工业报道，CAE 美国公司将闭环训练和通用数据库视为重要基础技术。CAE 美国公司为美国政府机构和国际客户提供建模、仿真、训练和任务演练解决方案。通用数据库是一个单一的中央存储数据库，可以与仿真系统的任何元素进行交互，整合了传统训练仿真需要的多个单独数据库，允许创建、修改和关联运行时数据库。通用数据库可有力支撑实况训练与虚拟、构造训练的一体化无缝连接及跨域的多军兵种联合训练。

二、"互联网＋、人工智能＋"时代的新机遇、新技术驱动仿真支撑平台新发展

12 月 5 日，按照美国知名市场调查机构 Govini 公司发表的分析报告，美国国防部 2017 财年在云计算、大数据和人工智能技术等方面的投入高达 74 亿美元，比 2012 财年时增加了 32%。量子计算、虚拟现实和机器学习等技术研发经费都有较大增长。尤其是人工智能技术占了开支增长的大部分，并被列为国防部获取长期军事优势和威慑战略的"技术基石"之一。

10 月 27 日，美国国防高级研究计划局（DARPA）国防科学局启动"战略机制设计基础"项目，开展先进作战仿真系统技术研究，以确认人工智能和社会科学等领域的进步能否逼真地模拟非理性行为。莱茵金属电子公司 11 月份在奥兰多举行的 2017 年跨军种/工业界训练、仿真与教育会议展会上展示了其新的 OSIRIS 构造仿真指挥和人员训练系统，该系统可以包含多达 300 万个实体，使用人工智能技术，采用基于代理的模型和马尔可夫链技术来操纵单位和编队。系统可以达到旅级，可变仿真时间因子比实时快 60 倍。

近 5 年，对先进计算能力的投资出现了 86% 的增长，在 2017 财年总计投入 4.25 亿美元，其中超过 1/3 的经费是由 DARPA 支出的。美国的谷歌和 IBM 公司是全球量子计算机研发领域两个最主要的竞争者。3 月，IBM 公司正式宣布，将在今年内推出全球首个商业"通用"量子计算服务，并将之

命名为 IBM Q。未来数年内，IBM 公司计划打造一台具有超过 50 个量子比特的量子计算机。10 月，谷歌公司对外公布了在量子计算领域的最新研究进展，发布了一款名为 Open Fermion 的开源软件，这是世界上首个能够将化学和材料科学问题转化为可以在现有平台上执行量子电路模拟的开源软件系统，能够帮助研究人员进行量子电路的模拟设计，Open Fermion 为研究人员提供了一个直接、开放的模拟“平台”，可以达到事半功倍的效果。量子计算机作为颠覆性技术，与现代仿真技术融合必将对仿真领域产生颠覆性影响，将会是在未来产业发展的主导方向之一。

11 月 17 日，洛克希德·马丁公司发布 2018 年将影响国防和军工的 6 大顶尖技术预测，数字孪生技术名列其中，是国防和军工企业适应不断变化的客户需求，保持竞争优势的支撑技术。随着物联网、大数据和工业互联网技术的发展，利用物理模型、传感器更新、运行历史等数据，集成多科学、多物理量、多尺度的仿真过程越来越精确。数字孪生模型具有模块化、自治性和连接性的特点，可以从测试、开发、工艺及运维等角度，打破现实与虚拟之间的藩篱，实现产品全生命周期内生产、管理、连接的高度数字化及模块化。

三、大力推进新技术在仿真领域应用，提高仿真平台工具性能

在并行计算、大数据、人工智能、虚拟/增强现实（Virtual Reality/Augmented Reality，VR/AR）等新兴技术的推动下，仿真平台工具性能得到进一步提高，出现了一批互操作性更好、可组合性更强、运行速度更快、置信度更高的仿真平台工具。比较典型的包括波西米亚互动仿真公司的 TerraTools VBS 捆绑包、VT MÄK 公司的新型多角色虚拟仿真器 VR – Engage 1.0、

SCALABLE 网络技术公司的 QualNet 8.0 和 EXata 6.0、雷声公司的自动化评估系统“协同网络/电子战集成火力项目”（Coordinated Cyber/Electronic Warfare Integrated Fires，CCEWIF）等。

5 月 8 日，波西米亚互动仿真公司 TerraSim 公司发布了一款专为 BISim 虚拟战场（Virtual Battlespace，VBS）用户设计的新地形生成软件包 TerraTools VBS 捆绑包。该软件包包括 TerraTools 内核拷贝，用于支持 VBS 地形生成和 VBS 导出插件，可对大型多地图地形的批量模式管理器插件进行自动化管理，对地形生成分布式处理插件进行加速。在构建可视化数据库以及更大的地形场景的过程中，VBS 捆绑包的批量模式管理器和分布式处理插件可以同时处理多个地形单元，从而大大减少生成大区域、多地图 VBS 环境所需的时间。

5 月 10 日，VT MAK 官方发布新型多角色虚拟仿真器 VR – Engage 1.0。VR – Engage 是一种训练仿真器，也可以作为角色扮演者工作站、教练辅助设施、桌面模拟游戏，甚至 VR 体验头盔。VR – Engage 可以从 VR – Forces 中获取仿真引擎，从 VR – Vantage 获取游戏质量的 3D 图形。也可以独立运行，不依赖任何其他 MAK 产品，通过开放的标准与第三方计算机生成兵力软件和其他仿真器实现完全互操作。

6 月 7 日，无线网络设计和优化产品的领导者 SCALABLE 网络技术公司推出新版本的高级网络建模和仿真工具 QualNet 8.0 和 EXata 6.0。QualNet 8.0 和 EXata 6.0 为并行处理提供了一个新的框架，同时为用户提供增强的图形用户界面。这些功能结合起来，提高了系统的性能和可扩展性，促使整体的用户体验得到有效的改进。传输控制协议、持续推演技术和无线模型都得到了显著的增强，跨网络通信和互操作等能力也得到了提高。

2 月 16 日，据太空战网站报道称，雷声公司正在发展一个自动化评估系统，用于判断21世纪武器装备在战争场景中的有效性。CCEWIF项目通过分析来评估战争场景中多种武器综合运用决策的成功概率。雷声公司预期将在2018年提交CCEWIF作战工具的初始版本。该工具史无前例地将自动化分析和网络作战能力评估集于一身，在分秒必争需要做出快速决策的现代化数字战场空间中，提升美军作战优势。CCEWIF系统将采用威胁目标和武器装备的真实数据来进行仿真，以确保复现战场真实场景。

四、积极发展LVC综合仿真支撑技术，以应对未来多领域、跨学科的融合作战

2017年，美国空军、海军和陆军，都积极在军事训练与演练中大量运用LVC技术，应对未来多领域、跨学科的融合作战。由于在现实中进行空、天、网的融合会受到很多限制，只有使用LVC技术，才能构建在现实世界里无法复制的环境。

3月美国国防部发布2016财年研制试验鉴定年度报告中指出，“联合任务环境试验能力计划”已将分布式基础设施数量扩展至115处，在互操作性和网络安全试验领域支持了70项分布式LVC活动。4月11日，美国国防部授予罗克韦尔·柯林斯公司一份价值2100万美元的合同，支持第二批生产通用靶场集成仪表系统（Common Range Integrated Instrumentation System，CRIIS），以升级空军、海军和陆军的测试靶场。CRIIS系统将支持构建LVC测试场景，合成虚拟威胁兵力。2月22日，美国空军第一台KC-135仿真器已授权在美国空军分布式培训中心网络上运行，在该网络上，他们可以与代表各种平台的仿真器中的其他机组人员一起提供虚拟空中加油训练，以在一个安全的、分级网络上进行LVC训练。11月22日，美国海军已选择

罗克韦尔·柯林斯公司向其提供新型 E－2D 高级“鹰眼”战术训练仿真器，用以支持 E－2D“鹰眼”综合训练系统 III 计划。罗克韦尔·柯林斯公司向海军交付的新装备是第四代战术训练仿真器，预计能够为 E－2D“鹰眼”预警机提供更贴近实战和适应性更强的训练。先进的系统能够与本国其他训练仿真器进行连接，并且支持 LVC 环境中的高保真训练。11 月30 日，立方全球防务公司获得最高支付上限为 9.75 亿美元的订单合同，用于支持美国陆军的任务训练复杂能力支持项目。该项目将集成实况—虚拟—构造和游戏（Live，Virtual，Constructive and Gaming，LVC－G）仿真结合起来，支持陆军的各类训练。

值得注意的是，美国陆军开始采用游戏平台评估陆军集体训练和评估武器样机性能。参加者可以在各种虚拟现实场景中同具有实际能力的对手交战，LVC 平台和游戏平台集成带来的问题需要进一步探索，以便为集体培训提供支持。

五、积极拓展新应用领域，推动仿真平台工具新能力的发展

除了在传统的装备规划论证、虚拟采办、试验鉴定、训练、作战实验等领域为用户继续提供支撑外，仿真支撑环境与平台技术持续发展，促进了仿真资源的共享重用与新的仿真能力的形成。2017 年，仿真平台工具技术在网电仿真、社会系统仿真、多域仿真领域应用广泛，取得了很大的进展。

在网电仿真研究方面，自 2013 年美军战略司令部开发完成 Exata 网电作战网络仿真平台，不断开展网络作战训练仿真，经过持续改进，SCALABLE 公司在 2017 年推出新版本的 Exata 6.0 ，支撑了 10 月13 日至 20 日美

国空军航天司令部举行的第11次“施里弗演习2017”，更为高效和可靠地实现了美国空军与其他军种以及作战司令部网电模拟器与靶场的互连。SCALABLE公司也与美国海军签署了开发合同，利用联合网络仿真器/EXata建模方法开发前沿部署能源和通信前哨集成仿真器，并允许前沿部署能源和通信前哨与其他通信网络进行通信。另外，美国陆军推动电子战规划与管理工具系统的建设。该系统能够以可视化的方式，帮助指挥官和士兵对电子战活动进行规划、协调和管理。陆军将逐步部署该系统，计划实现四种能力，涉及电子战效应的可视化、频谱管理和网络态势感知，以及通过“网络与电磁战管理”赋予电子战指挥官更多选项。

在社会系统仿真研究方面，2月DARPA开始力推在线社会行为计算仿真（Social Sim）计划，以此来消除敌人的谣言和宣传。Social Sim寻求开发能够模拟在线信息传播和演变的技术，为仿真开发、测试和测量提供数据支持，并开发评估在线信息传播和演化仿真的准确性和可扩展性的方法和指标。另外，为了解社会科学建模的能力和局限性，4月DARPA宣布其“真理根基”计划，“真理根基”计划旨在使用具有内置的“真理根基”因果规则的社会体系仿真程序作为测试平台，来验证各种社会科学建模方法的准确性。10月DARPA启动“战略机制设计基础”项目，利用人工智能和社会科学等领域的成果来逼真地模拟非理性行为，对战略机制进行合理地设计和评估，以推进先进作战仿真系统的开发研究。

在多域仿真研究方面，洛克希德·马丁公司不仅资助和举办一系列旨在探索“多域战”战略、作战概念及武器系统的演练，如4月举行的第二次“多域战”概念的作战推演，11月举行的第三次“多域指挥与控制”推演，而且还研发了“多域指挥控制系统”。该系统是一种作战管理系统，将空中、地面、海上及太空方向的各种系统关联起来，为作战人员提供一种通用的战场态势图，实现跨域的态势感知，以便进行实时的分析并采取行动。美国空军目前已在作战推演及其他模拟场景中使用了该系统。在形成太空作战概念的过程中，美国空军正利用该系统来开展室内推演、演示验证及工作组相关的工作。美国空军也加强了空、天、网数据的整合，大力支持多域指挥控制计划；同时开展多域指挥与控制研究，以协同空、天、网多域作战行动。12 月，美国空军完成了“企业级太空作战管理指挥与控制”系统的首次试验，实现了新型太空指挥与控制能力的快速开发与集成，并为多域指挥控制所需更强的互操作性奠定了基础。

上述新领域的研究进展，将成为发展的助力，有力地促进仿真平台工具技术更快、更好地开展应用。

六、结束语

纵观以美国为代表的发达国家仿真支撑环境与平台技术的发展，有三个方向值得重视：一是积极发展 MsaaS 等新一代仿真支撑平台体系结构，为持续提升仿真资源互操作、可重用和可组合奠定基础；二是充分利用人工智能、大数据等信息技术领域的新概念、新方法和新成果，推动仿真支撑平台技术的不断发展和转型升级；三是鼓励军民两用仿真支撑平台产品的发展和应用，推动仿真产业的形成和蓬勃发展。总之，仿真支撑平台作为促进仿真发展的关键使能技术，它的发展将为建模与仿真技术在军事领域更深、更广和更好地应用奠定坚实的技术基础。

（北京仿真中心　卿杜政　杨凯　蔡继红　周敏　张晗）

2017 年试验仿真技术发展综述

2017 年，以美国为首的西方国家，持续推进基于仿真的试验评估、作战仿真试验、验证与不确定性量化等技术研究，以及人工智能/量子计算/大数据等新兴技术在数据分析领域拓展研究，支持武器装备与系统的作战能力提升。

一、仿真试验技术在装备试验评估中的应用得到不断深化，提升装备/系统在战场对抗环境中的作战能力

（一）试验仿真技术在武器装备鉴定与评估方面的效果凸显

美军提出了“仿真试验与鉴定过程”概念，长期推行仿真试验与鉴定的一体化，在进行武器装备鉴定定型的同时，同步规划仿真试验与真实飞行鉴定定型试验。一方面，通过建成的一批世界一流半实物仿真试验评估与鉴定中心、如陆军航空导弹司令部红石技术试验中心高级仿真中心、爱格林空军基地的制导武器试验鉴定中心、海军空战中心空战环境试验与鉴定实验室等，支撑导弹武器的性能评估与鉴定；另一方面，在第四代攻击

机 F－35、陆军未来作战系统（Future Combat Systems，FCS）、海军 DDG1000、CVN－21 等新式武器系统研制项目中大量地采用复杂系统仿真技术，来全面支持系统的开发测试、实弹测试评估和作战测试，并在 2015 年推出了“向左转”战略，主要采取仿真试验手段，将鉴定评估进程推进到工程与制造开发阶段。2016 年 10 月，美国太平洋司令部和综合导弹防御联合职能司令部，为评估弹道导弹防御性能完成了一次地面试验，模拟了各种各样的威胁场景，以此评估系统在实际袭击事件中如何响应，旨在综合评估弹道导弹防御系统的功能，同时为 2017 年底地面拦截弹由 30 枚增加至 44 枚的决策提供支撑。

2017 年，美国海军 MQ－25 项目利用仿真试验，验证了未来的任务控制系统；美国陆军开发电子游戏，助力武器原型研发。通过游戏平台构建同具备现实能力的对手交战各种虚拟现实场景，实现科学家、士兵和工程师的理念与武器样机、设备和战术之间的联系，来评估武器样机性能。

（二）试验仿真技术在电子战试验评价技术研究中的应用持续深化

美国建立了多个国家级电子战试验场（包括白沙导弹靶场、瓦丘卡堡电子靶场、中国湖海军空战中心武器部、莫古角海军空战中心武器部、埃格林空军基地空军军械中心、第 46 试验联队、爱德华空军地基飞行试验中心、内利斯综合靶场电子战试验场等），承担许多电子战试验鉴定任务，并在此基础上开展电子战战术研究和作战人员训练，取得了显著的效果。

2017 年，诺斯罗普·格鲁曼公司宣布研制下一代电子战环境发生器（Next－Generation Electronic Warfare Environment Generator，NEWEG），提供先进的射频发电技术，消除“多波束干扰器的间隙”，覆盖从 70 兆赫到 40 千兆赫的全频段，为海军发电机提供先进的威胁实验室和自由空间模拟能力，支持飞机电子系统及其响应电子战威胁的性能测试和评估，帮助美国海军电子战扩大攻击范围；雷声公司受美国导弹防御局的委托，完成了新型战争评估工具的开发，用于判断21世纪武器装备在战争场景中的有效性，采用有关威胁目标和武器装备的真实数据来进行仿真，分析评估战争场景中多种武器综合运用决策的成功概率，支持战场毁伤预测及取胜概率的提升。

（三）试验仿真技术在网络安全作战试验鉴定技术中的研究成效显著

美军作战试验鉴定局为了规范网络安全作战试验鉴定工作，发布了新版《采办项目网络安全作战试验鉴定程序》，要求作战试验必须检验系统面对真实网络威胁的能力，建议充分运用仿真能力、形成封闭环境和建设网络靶场以模拟真实的网络攻击，使用网络靶场或实验室开展对抗性网络安全作战试验；通过整合国家网络靶场、国防部网络安全靶场、联合信息战靶场以及联合参谋部J－6部门（负责通信和计算机）的指挥、控制、通信与计算机评估分部，形成了“国防部企业级网络靶场环境”，突出以下几个方面的试验资源建设：网络安全“红军”及能力缺陷、空间系统作战试验鉴定威胁、高海拔电磁脉冲试验能力、电子战试验资源改进、第五代航空靶标、自防御试验舰等。

美军采办管理将网络安全作为的一项重点工作来抓，体现了美军采办管理的最新特点与趋势。2016年和2017年举行了“网络探索”演习，完整地模拟复现了现实主义作战环境，开展了网络扩展、态势认知、内部威胁以及网络防御等作战试验，完成了网络战和电子战能力要求的新兴技术的评估，验证了装备系统原型在陆军中应用的情况，加速了陆军采购最新网络/电磁行动装备的进程，使创新解决方案更快地进入陆军能力体系之中。

仿真试验技术已在武器装备的研制与鉴定、作战能力评估、测试、演习中发挥了巨大的作用，注重加强电子战试验鉴定与评估技术、网络安全鉴定、互操作性试验鉴定等方面技术研究与应用，检验武器装备面临真实网络环境下的作战能力与效能。

（四）重点关注仿真互操作性和普适性技术研究，不断提升作战仿真环境的逼真度及可信性

2017 年，北约建模与仿真组举办了主题为“建模与仿真技术与标准促进联盟互操作性和普适性的建模与仿真应用”的研讨会，就现实建模（地形和行为）、建模与仿真即服务、可组合仿真、指挥与控制仿真互操作性、互操作验证测试等达成广泛共识；北约建模与仿真组举办了 MSG－136“建模仿真即服务”会议，对 MSaaS 方法的标准、协议、架构、实施和成本效益等进行了分析评估，目标是提高仿真互操作性和可信度；北约在跨军种/工业界训练、仿真与教育会议展示活动展出 MSaaS 能够在任何需要的地方提供仿真；Cohort 公司开展的 SEA 项目重点完成了英国国防科学与技术实验室仿真体系结构、互操作性和管理等研究，对采用“数据作为服务”呈现方式的仿真训练、试验评估和基于仿真的采办等产生了重大影响；北约建模与仿真卓越中心举行“2017 联合勇士互操作性探索、实验、评估和演习”演习，涉及 11 个国家/组织的多个仿真系统，成功地领导建模与仿真的聚焦区域，并证明了仿真服务可以支持指挥官和员工在演习期间的训练、决策，或者是对操作、理论和程序新概念的预测、试验和开发；北约建模与仿真协调办公室开始一项新活动，专注于低慢小高空作战平台的威胁；美国海军航空系统司令部授予弗吉尼亚州的机载战术优势公司一项合同，要求提供Ⅲ型高亚声速和Ⅳ型超声速飞机空中威胁仿真能力；洛克希德·马丁公司的雷达专家正在设计一种先进的机动雷达威胁模拟系统，以帮助 F－35联合攻击战斗机的飞行员学会在现代雷达制导的地空导弹防御敌方地区安全作战；美国导弹防御专家正在寻找能够开发计算机公司仿真敌方导弹和导弹相关的观测设备的公司，以帮助政府和工业界更好地改进弹道导弹防御系统和使能技术，应对继续演变、扩散且日益复杂的敌方导弹系统，并开发了创新的方法、流程和工具来加速导弹仿真的发展。注重互操作技术、开放式架构以及威胁环境仿真等技术研究，快速构建可信的满足各种威胁要求的仿真环境，提升联合作战仿真试验、训练以及演习方面能力。

二、持续加强作战仿真试验技术在军事训练与演习中应用，提升武器装备作战效能评估及新型作战概念的分析论证能力

美国高度重视作战仿真试验技术在武器装备训练中的作用。由美国雷声公司牵头研制的扩展防空仿真系统，在装备研制论证阶段，可用于评估武器装备的生存能力和作战效能；在作战试验与战法研究阶段，典型应用如在海湾战争前，对准备采用的大规模空袭作战过程进行了仿真试验，并依据试验结果对作战计划进行了修订。2017 年，美国陆军和导弹防御局通过定期开展“爱国者”与“宙斯盾”硬件在回路试验，验证“爱国者”导弹防御与“宙斯盾”弹道导弹防御系统的互操作性，并支持了地面试验（GTI－06 Part 2 和 GTD－06 Part 2）的开展。2017 年底，开展了“爱国者”导弹防御与“宙斯盾”弹道导弹防御系统地面与飞行联合试验，完成了互操作性的演示验证。

2017 年，美国空军采取计算机模拟仿真和圆桌研讨的方式完成了第 11 次“施里弗演习 2017”，研讨了关键的太空问题，探讨与太空系统和各军种相关的多机构一体化行动，以及多域指挥和控制问题；举办了首届“太空旗帜”演习，借鉴“红旗”军演中战斗机飞行员对抗的模式，将太空作战人员分为两队进行对抗，由第 527 太空进攻中队模拟敌方对美太空系统的攻

击，受训太空作战人员在计算机仿真的太空作战环境和老练的对手面前训练和创新太空作战技战术，以训练作战人员在太空领域的作战、解决问题和处理潜在冲突的能力，提高战役和战术级的管理、指挥与控制能力。

三、人工智能、量子计算和大数据等技术助力智能化仿真数据分析和辅助决策能力的提升

美国国防部正努力获取先进的人工智能、量子计算、自主和大数据分析技术，旨在开发从数据到评估再到决策的系统，以使军队拥有更强大的联合跨域作战网络，包括网络域、电子战和电磁频谱域，全面提高装备智能化程度和自主决策能力，为战斗力生成增加新因素。

（一）着力推进深度学习等人工智能技术应用，全面提升智能化数据分析能力

随着未来航空航天的任务所产生数据在数据量、数据类型和产生速度等方面快速增长，呈现“大数据”特征，传统科学研究与数据分析方法难以满足大数据带来的挑战，数据处理与分析正日益成为武器装备研制、鉴定、评估以及使用中一个重要领域。深度学习是机器学习乃至人工智能领域最热门的研究方向，能大幅度提高机器从历史数据中学习规律，对新样本进行分类或预测的能力。近年来，美军已将深度学习作为智能技术重点，在不同军兵种进行规划布局，多方面促进其发展和应用。主要集中在：一是利用深度学习处理各种传感器数据/大数据等、挖掘其中有价值情报，支撑决策制定；二是利用深度学习提高人机交互能力；三是利用深度学习分析网电、电子战的进攻模式，提高应对能力。2017 年，美国国防部宣布建立“算法战跨职能小组”，加速推进人工智能、大数据及其学习等技术的应

用，意图全面提高装备智能化程度和自主决策能力，为战斗力生成增加新因素；美国海军发布《数据与分析优化战略》，高度重视数据驱动创新，提出成立数据与分析联盟，为数据使用者和决策制定者提供最优数据源和数据分析能力；美国空军研究实验室与 IBM 公司合作研发类脑超级计算机，将类脑芯片的实时数据采集能力与传统计算机的符号处理能力相结合，实现智能化的数据分析与处理。

（二）不断强化量子计算与数据分析等技术利用，提升决策优化能力

2017 年，美国空军官员充分运用机器学习、人工智能和数据挖掘技术来扩大组织对数据的充分利用，通过对收集数据的分析，实现了作战行动的资源分配预计、态势预测和决策改进与优化，提高效率，降低成本；美国国防创新单元实验室选择 SparkCognition 公司开展了量子项目第一阶段的开发，目标是利用量子计算，从数据中提取高价值知识，并结合人工智能技术进行高效利用，增强高层的决策能力，预计将把预算决策的速度和准确性提高一个数量级，彻底改变空军以及潜在的国防部整体开展业务的方式，使空军能够通过改进企业级决策、资源分配情报、态势预测和优化操作来降低运营成本。

（三）大力推动大数据分析技术在试验与评价中应用，降低作战试验费用

随着未来武器系统复杂性的日益增长，试验活动中所收集的数据总量将呈指数增加，势必大大超出常规分析工具能力范围，大量信息将无法得到充分分析和理解，造成试验费用大幅度增加，大大减缓对作战部队的需求响应速度。大数据分析技术的优势就是可以充分挖掘大数据中隐藏的有用信息，提高数据分析的有效性。2012 年，美国政府投资 2 亿美元，启动了“大数据研究和发展计划”，美国军方也启动了 XDATA 等众多大数据项目，用于提升美军在大数据背景下“从数据到决策”的能力。2016 年，美国国防部试验资源管理中心已资助开展了“大数据”技术在试验与评价中的3 项应用工作以便更好地利用商用“大数据”技术：一是在爱德华空军基地、内里斯空军基地和帕特克森特河海军航空站部署硬件和大数据分析软件，开展了联合攻击机的作战试验工作，识别出大量问题，为联合攻击机项目节省了1000 万美元的费用；二是在阿伯登试验中心开展的工作，证明了在设备硬件上运行的低成本开源大数据分析工具很容易被集成用于分析和可视化陆军试验数据；三是建立一个美国国防部试验资源管理中心知识管理和大数据分析软件架构框架，为国防部在该领域的投资和集成提供了指导。通过以上工作，试验与评价界可充分利用现代计算机的处理能力，联合分散的数据库，实现试验与评价数据的共享和跨项目利用。2017 年，DARPA 提出了一款用于图形分析处理的新型硬件设备开发需求，要求处理能力是目前使用的类似设备1000 倍，其核心技术就是集成大数据分析工具，同时具备网络分析和图形显示数据库这两项主要技术特征，可实现网络威胁实时分析与可视化。注重人工智能、量子计算和大数据在数据分析、评估与决策领域的应用，意图全面提高装备智能化程度和自主决策能力，为战斗力生成增加新因素。

四、仿真校核、验证与确认与不确定性分析技术研究同步推进，确保仿真系统的可信性

（一）仿真校核、验证与确认标准不断完善，验证技术研究持续推进

美军专门成立了军用仿真校核、验证与确认（Verification，Validation and Accreditation，VV&A）工作技术支持小组，制定了 VV&A 建议规范、分

布式交互仿真和高级体系结构标准仿真系统 VV&A 过程模型规范等系列标准，有效规范指导模型校核与验证工作。2015 年，仿真互操作性组织正式通过校核和验证的通用方法（Generic Methodology for Verification and Validation，GM－VV）用于研究建模与仿真资源是否能够以可追踪、可复制、透明和易于记录的方式用于特定用途的指导产品，是一种为特定用途而建立、管理和引导建模仿真系统的校核和验证、仿真、底层数据及结果的通用综合方法。2016 年，美国作战实验鉴定局签发了一份题为《作战试验与实弹射击评估所用建模与仿真的验证指导》的备忘录，指出建模与仿真采集的数据应该与作战试验或实弹射击试验采集的数据一样可信，应在《试验鉴定主计划》和《试验计划》中详细阐述建模与仿真的验证与确认工作，为作战试验与试验鉴定提供保障。

近年来，验证技术研究得到持续推进。2015 年，开展了在作战 XXI 基于作战仿真模型行为的验证方法研究，大大提高了有效行为的重用能力，增加结果与行为之间关联关系。2017 年，针对真实飞行试验数据较少的状况，开展了基于稀疏数据的多尺度验证和不确定性量化问题研究，并获得了初步应用；美国机械工程师学会召开了大型校核与验证研讨会，聚焦于计算机模拟的校核与验证和不确定性量化等新兴领域，在校核代码和解决方案、仿真验证及对不确定性的数学模型、计算解决方案和实验数据进行评估等方面取得共识；美国机械工程师学会校核与验证标准委员会正在探索组建一个新的委员会，开发用于能源系统应用中计算建模的校核与验证协议。

（二）推动不确定性量化技术的发展，促进复杂系统高效可靠设计

不确定性量化是指对各种形式的不确定性因素在复杂系统的传递过程进行鉴别、分类和建模，分析不确定性因素对系统性能、稳定性、可靠性和安全性的影响。不确定性量化的核心是实现对系统真实状态中不确定性因素的数学描述。使用先进的不确定性量化工具，可对建模和设计过程中每个步骤的不确定性进行验证，更好地了解设计风险，有助于实现军用复杂系统的高效、稳健和可靠性设计，提高复杂军用车辆、舰船、航空器及航天器等新型设计原型在制造和测试时的一次成功机会。2016 年，在一场美国举办的建模与仿真面临挑战研讨会上，提出要正确理解和管理复杂系统模型建立的未知因素影响，并把不确定性研究定为建模与仿真面临的挑战之一。2017 年，DARPA 的“量化物理系统的不确定性”项目在预测准确度方法方面取得重大进展，并完成第一阶段的研究工作，证明了干扰先进舰船和高超声速飞机发动机排气喷嘴性能预测的不确定因素。注重 VV&A 与不确定性量化技术的应用，是优化设计与提升仿真结果可信性的有效途径。

（北京机电工程研究所　耿化品　李景）

2017年仿真应用技术发展综述

2017年，仿真技术的应用在大数据、云计算、虚拟/增强现实（Virtual Reality/Augmented Reality，VR/AR）人工智能、物联网等新兴技术的推动下，持续受到美国等西方发达国家的普遍重视，“建模仿真即服务”（Modeling and Simulation as a Service，MSaaS）的新理念得到不断深化，装备设计仿真、半实物仿真、计算机兵力生成、战场环境仿真、仿真试验鉴定、模拟训练、装备作战仿真等应用领域持续取得新进展，支撑新型作战理论和作战模式的仿真论证分析能力不断取得新突破。

一、MSaaS新理念得到不断深化，“MSaaS生态系统”新概念破土而出

北约建模与仿真中心主办召开了北约科技组织/北约建模与仿真组MSG-136 MSaaS会议，定义MSaaS为向用户提供的M&S应用程序需求、功能需求和相关数据需求的一种方法，起草完成了MSaaS操作概念文档和MSaaS治理概念（AMSP-02）的第一个完整草案；举办了2017年夏季仿真多方研讨会议

及第49届夏季计算机仿真会议，重点讨论基于服务和云的M&S领域问题，在MSaaS理论和方法论以及MSaas工具与平台等方面达成共识；在美国佛罗里达州奥兰多举行的跨军种/工业界训练、仿真与教育会议上，进行了MSaaS的6次演示，展示了MSaaS具备在任何需要的地方提供仿真的能力。

鉴于MSaaS为基于服务的体系架构与云计算思想的组合体，德国英领有限公司的罗伯特·齐格弗里德提出了“MSaaS生态系统”的概念，并定义生态系统必须具备提供即时的单一仿真服务、多仿真系统集成以及仿真系统与真实系统混合构建分布式仿真环境的能力。Cohort公司SEA分公司在为英国国防科学与技术实验室进行信息管理技术的研究项目中，与分包商Envitia、地理空间技术和地理信息系统软件专家合作，开展了MSaaS生态系统的实践研究，研究成果对采用“数据作为服务”呈现方式的仿真和训练、试验和评估以及基于仿真的采办等产生了重大影响。

紧密关注云计算/边缘计算/智能计算等信息技术对仿真技术的影响，开展基于云计算/边缘计算模式的MSaaS体系架构研究，为面向未来物联网、区块链等仿真技术研究奠定基础。

二、基于模型的系统工程方法彻底改变装备设计测试模式，数字孪生技术在装备全寿命周期中得到推广应用

（一）美国海军持续推动“基于模型的系统工程方法”的应用，并彻底改变装备设计与测试模式

美国海军建立了基于云平台的虚拟创新和研发实验室，在远程服务器上建立虚拟机器，最终用户在他们的桌面上通过一个小型、安全、廉价的通用访问卡启用其设备（称为零客户端），帮助工作人员和个人研发者开展

技术创新方面的研究；建立了“宙斯盾虚拟双机”作战系统。基于计算机服务器，构成了“宙斯盾”作战系统“基线9”。目前已完成了在弗吉尼亚州达尔格伦海军水面作战中心虚拟运行，后续将虚拟系统配置到船上，进行“标准”导弹实弹射击，作为作战系统船舶资格试验或舰队演习的一部分。如果试验成功，将在巡洋舰或驱逐舰上测试新的升级系统，而不干扰舰船的实际作战系统和操作能力。

（二）数字孪生是对物理对象或过程的数字化复制，通过集成人工智能、机器学习和传感器数据，创建一个“现实”模型，以支持物理产品的全寿命周期

德国亚琛大学人机交互研究所的 Michael Schluse 和 Juergen Rossmann 提出了“试验数字孪生”概念，并以联网机器人研究对象，开展了研制流程过程管理、智能系统的实现等仿真研究；西门子公司借助数字孪生技术，开展了对工业物联网全生命周期的管理和优化研究；德国汉莎航空动力系统公司，使用数字孪生技术，开展了对航空发动机的故障诊断和预测分析研究；洛克希德·马丁公司在世界上首次将数字孪生技术运用到深空探测技术上。通过数字孪生技术，宇航员将能够实时获得地面人员的指令数据、模拟数据和解决方案，让宇航员能够更加有效地执行数以百计的操作任务。积极推动数字孪生、虚拟孪生技术在装备研制全生命周期的普及应用，促进装备研发模式的转变。

三、导航制导控制仿真评估能力取得新进展，多实体协同系统半实物仿真技术取得新突破

（一）研制成功了多种用于制导武器仿真验证的物理效应模拟器

美国 Kent 光电有限公司，研制成功了一种用于测试评估单光子发射偏

振成像传感器性能的多谱段偏振场景模拟器，可以产生短波红外波段内的多谱段或超谱段视频图像，空间分辨率 512 ×512，并可在可控的带宽内实现空域、频域和偏振方向的调制，工作波段：850 ~ 1650 纳米，带宽 12 ~ 100 纳米，每个像素提供 6 个可选偏振方向，其核心为一个可用于强度控制和偏振调制的硅基液晶空间光调制器；美国圣巴巴拉红外公司研发成功了一种新型超大规模（大于 2K ×2K）、超高温（模拟最高视在温度 1500 开以上）红外电阻阵场景投影器，模拟器采用一种“变结构”的读入集成电路（Read – In Integrated Circuit，RIIC），可驱动每个像素点达到高温。RIIC 采用透硅和里衬封装技术，允许多个芯片进行无缝黏接，形成以 512 为单位的任意 $N \times M$ 大小的超大型面阵；Engility 控股有限公司获得一份美国空军合同，用于开发多光谱和多模态现象建模仿真技术，实现佛罗里达州埃格林空军基地美国空军研究实验室的动态杀伤半实物仿真能力；美国海军研究生学院开发了一种先进的动态耐大气试验床，用于对接近真实工作状态下的自主航天器真实机动性能进行试验评估。试验床包括 4 米 ×4 米花岗岩平面、在其表面移动的多个航天器模拟器和一套实验室测量系统。其中：花岗岩平面重 15 吨，平整度为 ±0. 0127 毫米，水平倾斜度小于 0. 01°。航天器模拟器使用了 3 个直径 25 毫米的扁平气囊，使得模拟器在花岗岩平面接近无摩擦移动，气囊中压缩空气可将模拟器提离平面 5 微米，可持续工作 3. 5 小时，包含的 8 个冷气推进系统，用于实现模拟器在平面的运动，每个推进器推力在 0. 1 ~0. 15 牛之间，工作时间总计 20 分钟。测量系统包含 10 个照相机，可在 100 赫工作频率下达到亚毫米精度；采用 WiFi 方式与外部控制计算机通信。

（二）面向分布式系统、多实体协同系统的半实物仿真技术取得突破

一是 NASA 格林研究中心采用网络在回路仿真技术，即使用真实网络协

议发动机区域分布式互连网络协议（Engine Area Distributed Interconnect Network Lite，EADIN Lite）协同商用航空推进系统仿真 40k 软件模块（Commercial Modular Aero – Propulsion System Simulation 40k，C – MAPSS40k）实现，完成了数字控制网络对发动机分布式控制系统的影响评估，结果表明在将网络带宽从 250 千比特/秒降到 40 千比特/秒的情况下（每个帧时间步长采集所有传感器），控制系统的性能几乎没有变化。二是欧盟提出了用于多混杂实体协同的分布式仿真架构 KASSANDRA。该架构集成了已有各种仿真工具，开发了可供真实实体使用的通信中间件作为使能各种不同仿真工具集成的基本通信机制，真实实体可以以一种无缝的方式，与仿真实体结合在一起，实现对系统性能更准确的评估。这种硬件在回路实现方案，已在欧盟的 PLANET 工程中得到了应用验证。未来重点加强多混杂实体协同系统半实物仿真技术关注与研究，以支撑智能无人机集群作战平台、智能化武器装备的发展。

四、VR/AR/MR 技术全面助力计算机生成兵力能力提升以及战场环境仿真水平的快速提高

VT MAK 发布了 VR – Engage 1.0 多角色虚拟仿真器，可作为角色扮演者站、教练辅助设施、桌面模拟游戏，甚至进行 VR 头盔体验，可独立运行，并通过开放标准与第三方计算机生成兵力软件和其他仿真器实现完全互操作；SimCentric 技术公司发布了新版的虚拟战场 3 FiresFST 呼叫和近距离空中支援训练仿真系统，可依据人性化和车载式的生活特性，提供高度现实、复杂和灵活的攻击性支持场景；TerraSim 公司发布了新 TerraTools VBS 捆绑包，通过批处理模式管理器和分布式处理技术，来处理多个地形

单元，大大加快了生成大区域、多地图 VBS 环境所需的时间；ManTech 国际公司推出了先进的网络靶场环境，还可以精确模拟他们自己的网络，实现网络安全系统和人员在一个安全的环境下被恶意软件攻击的训练；Presagis™推出了 VELOCITY，可自动生成大型综合训练环境。通过采用和集成三维视觉效果、游戏、地理信息系统和建筑设计领域的最佳工具，能够分析和转换海量的地理空间数据，生成大而逼真的沉浸式 3D 虚拟环境，应用于广泛的仿真和游戏平台。通过强力推进 AR/VR/MR 技术在计算机生成兵力、战场环境仿真和装备模拟训练的普及应用，快速提升武器装备在联合体系作战条件下战斗力生成能力。

五、装备试验鉴定领域的仿真应用持续加强，太空/网络安全空间仿真能力建设日益受到关注

美、日第一次 SM－3 Block ⅡA 拦截测试中，约翰霍普金斯大学应用物理实验室提供的高保真度建模和仿真发挥了关键作用，为测试的规划、安全运行和性能预测提供了支撑；美国陆军和导弹防御局开展了“爱国者”与“宙斯盾”硬件在回路试验，验证了“爱国者”与“宙斯盾”弹道导弹防御系统的互操作性，为综合主试验计划的地面试验计划设定提供了支持。

美国国防部作战试验鉴定局发布了《2016 财年年度报告》，建议充分运用仿真能力、形成封闭环境和建设网络靶场以模拟真实的网络攻击，使用网络靶场或实验室开展对抗性网络安全作战试验；Ni 网络安全公司的网络靶场仿真训练中心在东京开幕，将为在 2020 年奥运会期间及以后培训网络防御者应对网络攻击做准备；DARPA 研发了太空作战虚拟实验室（称为霍

尔马克测试平台），建立一个虚拟的太空战区，让美军领导人更好地了解太空环境和潜在的威胁，完成了针对复杂新兴威胁的太空指挥与控制技术测试的真实场景演习。通过聚焦太空/网络安全空间的仿真能力建设来实现太空/网络安全空间联合试验靶场。

六、指挥控制仿真应用取得长足进步，仿真训练水平不断提升

（一）建立了多个任务控制和规划仿真系统，并完成了相应能力的演示验证

美国海军 MQ－25 项目利用模拟试验验证未来的任务控制系统，采用了代表性的舰载设备和模拟的飞行器，对航空母舰舰载任务控制系统如何控制信息并将其传输至未来无人机进行了演示验证；美国陆军将增强现实技术用于增强士兵任务规划技能，基于三维交互式地图和模型的增强现实任务规划，改进士兵个体和团队整体的认知表现，达到了优化任务规划输出、增强任务效率的效果；北约建模与仿真小组完成了指挥控制系统和仿真系统的互操作性展示，演示了用于解决指挥控制仿真系统互操作性的战术数据链用例和沙盒；莱茵公司展示 OSIRIS 指挥训练系统，使用人工智能和基于代理的模型以及马尔可夫链技术来操纵单位和编队，系统可以达到旅级，可变仿真时间因子比实时快 60 倍。

（二）完成各种不同的装备训练和战术训练仿真系统的代际升级，基于 LVC 的一体化训练水平显著提升

德国慕尼黑工业大学正在开发新的仿真软件，使用流体力学和飞行动力学的实时计算分析，让飞行员立即感受到局部气流对直升机的影响，实现了极端飞行条件下直升机飞行员训练；美军进行基于脑机接口的飞行仿

真控制试验研究，脑机接口系统包含可植入到设定目标运动皮层中的 2 组 96 个微电子阵列，完成了脑机接口系统在飞行仿真器环境中对飞机的控制灵活性验证；第一台 KC－135 仿真器已授权在美国空军分布式培训中心网络上运行，实现了与其他机动空军平台的联网和在安全、分级网络上基于 LVC 训练；澳大利亚国防部选择 CAE 公司提供了 3 个新的全任务飞机仿真器支持 Hawk 训练服务，具备更高的精确度，实现了将更多的训练从真实飞机转移到虚拟环境的愿望；加拿大海军和洛克希德·马丁公司正式开通了澳纽军团战斗训练系统，通过现实的合成环境提供训练能力的代际转换，完成了对真实世界环境高保真度模拟；英国皇家空军基地的“狂风”战斗机仿真器实现了互联，允许飞行员和他的“僚机”同时执行飞行训练任务；美国陆军采用全仿真平台，增强无人机系统机组人员的现场飞行训练，并帮助降低服务于航空和导弹研究、开发和工程中心的成本和风险；空军生命周期管理中心宣布订购两套价值约 1040 万美元的宽带联合威胁发射器，营造具有多种威胁特征的逼真环境，使得战斗机组人员能在实战式训练环境中开展击败或躲避一体化防空系统的模拟训练。

罗克韦尔·柯林斯公司向美国海军提供 E－2D 战术训练仿真器，实现了与其他训练仿真器的连接，并支持 LVC 环境中的高保真训练；英国陆军基于班组的虚拟训练系统已形成全面作战能力，系统可使士兵沉浸在高保真地形中，以真实装备为特色，使部队能够在实况训练机会和作战部署准备过程中练习火力和机动、指挥和控制，以及战术、技术和程序。

七、完成了不同条件下的作战演习和兵棋推演、作战新概念决策分析支撑有力

美国首场“红旗”演习中演示了网络化的情报监侦能力，显示出美空军领导层（他们认为网络化是未来空中战场的核心）对网络化的重视和支持超过了对单个系统的能力；美国空军举办的首届“太空旗帜”演习，模拟太空试验与训练环境，将指挥太空及网络系统的方式与提供全球作战效能真正结合起来，训练作战人员在太空领域的作战、解决问题和处理潜在冲突的能力，提高战役和战术级的管理、指挥与控制能力，提升作战人员太空作战的技战术水平，为应对可能的太空冲突做准备；举办了第二次“太空旗帜”演习，演示了太空作战人员在一个竞争、退化、操作受限的环境下工作，与思想坚定敌方作战；洛克希德·马丁公司针对“多域战”概念进行了兵棋推演，研究如何跨域指挥和控制，提高空军、航天和网络领域的协同作战，探索“反介入/区域拒止”的作战战略、战术和武器的概念；北约举行了“锁定盾牌2017”大规模网络防御演习，涉及来自25个国家约800名专家参与，部署了3000多个虚拟化系统，涉及对虚拟基础设施进行技术防御，处理和报告事件、解决取证挑战，对法律和战略沟通的响应等问题；美国陆军举行了“网络探索2017”演习，组织旅战斗队、情报单位以及27个学术和工业界机构进行一系列网络/电磁行动作战实验活动，验证了装备系统原型在陆军中应用的情况，获得了实际操作人员的反馈信息，加速了陆军采购最新网络/电磁行动装备的进程，使创新解决方案更快地进入了陆军能力体系；美国战略司令部与国际伙伴举行第四次太空态势感知演习“全球哨兵2017”，测试了一个全面集成的“联合太空作战中

心”，检验联合一体化指挥与控制的价值；美国空军航天司令部完成第11次“施里弗”演习，美国的27个机构以及来自澳大利亚、加拿大、新西兰和英国的大约200名军事和民事专家参与了演习，想定了不同作战环境下的全谱威胁，包括对军民领导人、太空系统指挥官及其能力的威胁，探讨与太空系统和各军种相关的多机构一体化行动，以及多域指挥和控制问题。

这些创新型作战空间的作战新概念/新理论的仿真方法，提升应对“多域战”“混合电子战”“光学战”和“进攻性蜂群使能战术”等新作战概念、新战术理论的决策分析能力。

（北京机电工程研究所　孔文华）

2017年军事训练仿真技术发展综述

军事训练仿真系统已成为当前军事技术训练、指挥训练的主要支撑手段和战略演习作战分析的决策依据。各国通过不断推进各类训练、演习，促进新型作战装备快速形成作战能力，并对未来作战能力和作战新概念的发展进行不断探索与实践。2017年，以美国为首的西方国家，持续推进训练仿真技术在军事技术训练、指挥训练和军事演习等方面的深入应用。

一、虚拟训练已成为军事技术训练的主要手段

（一）不断推进训练仿真系统在军事训练中的深入应用，促进武器装备操控能力的提升

2017年，德国制造商赖泽仿真和训练公司为空客直升机H145开发了H145 D级全飞行仿真器，具备六自由度电动运动和振动系统、分布式仿真联网能力以及任务规划、燃料管理、天气仿真和故障仿真功能，圆顶显示器具有240°×80°的视野，具有双通道发光二极管（LED）投影系统和夜视镜刺激，可提供空客直升机H145驾驶员全面地操控培训；美国CAE公司

采用理论（课堂）、仿真器和基于 TH－67“溪”和 UH－72“勒科塔”直升机现场飞行训练相结合的模式，向美国陆军提供教室、仿真器及现场飞行教官支持服务；美国约翰霍普金斯大学在美国国防高级研究计划局“革命性假肢项目”的资助下，进行了基于脑机接口的飞行仿真控制试验研究，试验所用的脑机接口系统包含可植入到设定目标运动皮层中的 2 组 96 个微电子阵列，用于确定研究人员开发的脑机接口系统在飞行仿真器环境中能否灵活的控制飞机；Meggitt 培训系统公司宣布已经完成了美国海军陆战队小型武器训练系统的最终检查和物理配置审核，用于多种模式训练新手和经验丰富人员的枪法，每种模式基于个人或单位的技能水平提供训练；美国空军 KC－135 机组训练系统项目的主承包商美国 CAE 系统公司已获得授权在美国空军分布式培训中心网络授权运行，意味着 KC－135 机组人员的训练设备可以联网并连接到其他机动空军平台，在一个安全的、分级网络上进行实况—虚拟—构造（Live，Virtual and Constructive，LVC）训练；澳大利亚国防部已选择 CAE 系统公司的 Hawk MK127 训练系统，作为全生命周期航天仿真支持，为澳大利亚皇家空军提供全面的培训服务；BAE 系统公司创建的一个工程仿真器已应用于 F－35“闪电”Ⅱ战机飞行员的飞行训练，为明年英国新的“伊丽莎白女王”级航空母舰舰载机首飞进行飞行试验准备；BAE 系统公司在兰开夏郡沃顿开启新的 230 万英镑的训练和仿真集成设施建设，将改变驾驶舱开发和军事训练的未来；美国空军生命周期管理中心宣布订购两套价值约 1040 万美元的宽带联合威胁发射器，以营造具有多种威胁特征的逼真环境，训练战斗机组人员在实战式训练环境中击败或躲避一体化防空系统，提高空勤人员识别和对抗敌方导弹和高射炮威胁的能力；俄罗斯武装部队的战略导弹部队已经接收新的车辆仿真器，用来训练“台风”－M 战车、Listva 远程排雷车辆和 Yars 机动导弹发射系统的专业人员；洛克希德·马丁公司宣布赢得了价值2.88亿美元的美国陆军合同，可与陆军现有的多用途集成激光作战训练系统进行无缝集成，以实现其现场车辆训练能力的现代化；Explotrain®公司开发基于无人机简易爆炸装置仿真和训练系统，直接向部队提供应对新兴无人机威胁的防御性反应；Cohort公司MASS宣布为英国布兰德福德国防学院通信信息系统学院提供一个教室仿真器，以支持英国国防部的电子战能力。

（二）VR/AR/MR技术在装备训练仿真系统中得到广泛应用，不断提升训练人员的沉浸感

2017年，美国海军成功发明增强现实头盔系统（GunnAR），旨在利用增强现实头盔将舰炮联络官与武器系统的信息融合成易理解的可视化信息，为炮手提供操作指导并改善舰炮操作；SEA公司宣布已在英国国防学院安装飞机程序训练系统，提供一个沉浸式、高保真、三维虚拟环境来训练学生在飞行甲板和陆上操作，为学生在飞行甲板上操作的各种系统提供仿真控制面板，它使学生能够进行标准操作程序训练和紧急演习训练；俄罗斯军队将为无人机操控人员配备虚拟现实头盔——“斯瓦洛格”头盔，佩戴人员不仅可以观察到由无人机摄像头拍摄传回的战场实况，还能通过转动头部及双眼来操控无人机；英国埃克塞特大学的科学家、Cineon Productions公司、核工业专家携手合作成立的Cineon Training公司，实现了用虚拟现实（Virtual Reality，VR）头盔提供沉浸式360°培训，用于提高员工的表现，防范事故发生；BAE系统公司通过高逼真度试飞仿真沉浸式环境开展舰载旋转垂直降落机动飞行训练，降低飞机垂直降落风险；美国陆军开发增强现实技术的头戴显示装备，帮助士兵精确定位自己、战友以及敌人的精确位置，提升士兵态势感知能力；美军通过增强现实（Augmented Reality，AR）和VR技术，帮助新兵了解身体极限；DARPA设想一种利用增强现实、虚拟现实等游戏技术，以及手势、触摸和触感界面来指挥蜂群的系统，提升了装备的协同作战能力；美国陆军将增强现实技术用于增强士兵任务规划技能；美国海军陆战队举行为期一周的“斯巴达新兴技术与创新周”演习，士兵使用包括交互式战术决策游戏、增强沉浸式团队训练系统以及基于四旋翼无人机的地形快速测量与建模提升了士兵的快速决策能力；俄罗斯军队为无人机操控人员配备虚拟现实头盔，佩戴人员不仅可以观察到由无人机摄像头拍摄传回的战场实况，还能通过转动头部及双眼来操控无人机；以色列空军正在使用虚拟现实头盔和3D模型为技术人员和工程师提供维修训练。

（三）完成了各种不同战术协同训练模拟系统的代际升级

2017年，新星系统公司与SEA合作首次提供舰基航空兵作战训练解决方案，采用SEA Decksim三维虚拟环境，完成了KC－30A多角色油轮运输仿真器、爱丁堡的AP－3C“猎户座”仿真器和安伯利的F／A－18F“超级大黄蜂”战术作战飞行训练器资格认证；泰勒斯公司和合作伙伴RUAG Defense公司为法国陆军现役战斗训练中心升级仪器，使得联合任务部队训练条件与作战部署中遇到的条件非常接近；英国国防部授予美国国家安全委员会主要合同，将继续为英国军队提供虚拟训练，旨在逼真的合成环境中开展班组集体火力对抗演习，训练指挥控制、战术、技术和程序，以便在现场训练中获得更大的收益；SimCentric技术公司发布新版的VBS3 FiresFST呼叫和近距离空中支援训练仿真系统，可依据人性化和车载式的生活特性，提供高度现实、复杂和灵活的攻击性支持场景；罗克韦尔·柯林斯公司推出聚结混合现实系统，实现了真实世界与合成环境的无缝增强，提供了沉浸式和吸引人的训练场景，系统总延迟低，可避免眩晕感；智能系统解决方案开发公司CRA宣布为美国陆军建立虚拟现实和增强现实培训接口的合同，提供集成能力来自动评估技能的性能，集成等级模型的能力和技术，提高整体技能的熟练程度；美国航空航天局正在使用混合现实技术（Mixed Reality，MR）在宇航员去国际空间站之前对其进行模拟训练；美国海军选择了罗克韦尔·柯林斯公司和莱昂纳多 DRS 公司来提供加密的下一代战术训练系统，在第五代机和第四代机的组合之间提供安全的互操作性，在模拟高威胁的作战环境中向所有参与者提供有成效的培训；以色列使用 VR 头盔来培训士兵，帮助士兵们学习如何赢得加沙边境的哈马斯武装攻击，以及如何在一个封闭的环境中单独/多人应对任务；美国陆军采用全仿真平台以增强无人机系统机组人员现场飞行训练，并帮助降低服务于航空和导弹研究、开发和工程中心的成本和风险；萨博和洛克希德·马丁公司将交付下一代战术作战仿真系统，实现美国陆军的现场训练转型；陆军承包司令部公布小组沉浸式虚拟训练器需求声明，其目标是提供一个实况小型部队仿真训练器，为小组提供更多训练重复次数。

（四）基本实现了训练仿真体系结构的演进，基于 LVC 的战术协同化训练水平显著提升

美军从可扩展建模仿真框架（Extensible Modeling and Simulation Framework，XMSF）、指挥控制通信计算机情报监视和侦察（Command，Control，Communications，Computers，Intelligence，Surveillance and Reconnaissance，C^4ISR）仿真体系结构框架，到美国陆军提出的技术研究与试验建模体系结构（Modeling Architecture for Technology，Research and Experimentation，MATREX）结构框架、试验与训练使能体系结构（Test and training ENabling Architecture，TENA）试验训练使能体系结构和 LVC 仿真集成架构（LVC Integrated Architecture，LVC－IA），用于支持多精度模型库以及仿真和工具集成、试验/训练的靶场设施和仿真之间高效互操作、跨社区/领域的真实/虚

拟/构造仿真互操作需求和能力分析，并于2012年启动“LVC未来”研究计划，探索2025年前LVC技术发展对建模与仿真活动的影响。2017年3月，美国空军高层表示将运用LVC技术帮助飞行员做好应对未来多领域、跨学科的融合作战准备，将把陆、海、空、天、网等领域的所有力量融合在一起，希望在采办前开展更多试验，以充分发挥LVC技术诸多优势，寻求利用LVC技术的一种商业化的近距空中支援方案，即OA－X；8月，美国空军推出了仿真器通用架构要求和标准的征询方案，预计在2018年4月发布，旨在开发能适应并响应动态网络安全环境的训练体系结构。2017年，第一台KC－135仿真器已授权在美国空军分布式培训中心网络上运行，实现了与其他机动空军平台的联网和在一个安全、分级网络上的基于LVC训练；洛克希德·马丁公司和加拿大海军正式开通了澳纽军团战斗训练系统，通过现实的合成环境提供训练能力的代际转换，完成了对真实世界环境高保真度模拟；英国皇家空军基地的“狂风”战斗机仿真器实现了互联，允许飞行员和他的“僚机”同时执行飞行训练任务；美国陆军采用全仿真平台，增强无人机系统机组人员的现场飞行训练，并帮助降低服务于航空和导弹研究、开发和工程中心的成本和风险；罗克韦尔·柯林斯公司向美国海军提供E－2D战术训练仿真器，实现了与其他训练仿真器的连接，并支持LVC环境中的高保真训练；立方全球防务公司获得美国陆军承包司令部价值超过4200万美元的合同，以支持波克堡基地的联合备战训练中心作战小组的LVC训练服务。随着网络、电磁、太空等新型作战空间的出现与发展，面向新型作战空间和作战样式的训练仿真系统将会突飞猛进，面向应用的LVC多系统集成将成为基本形态，并得到广泛应用。

二、加大投入和强化新技术应用，促进指挥训练水平的提升

（一）全面推进增强现实/人工智能等新技术的应用，提升分队/合同战术指挥训练效率

2017 年，4C 战略公司将为英国陆军交付新的基于班组的虚拟训练系统，为班组提供集体实践火力和机动、指挥和控制以及战术的训练；澳大利亚国防部订购新的数字终端控制系统仿真器以及相关运营和维护支持，用来对战场前线观察员进行训练；美国陆军纳提克士兵研究、开发和工程中心认知科学团队正在研究如何利用增强现实技术提高士兵任务规划技能，基于三维交互式地图和模型的增强现实任务规划，改进士兵个体和团队整体的认知表现，优化任务规划输出，增强任务效率的效果；DARPA 通过计算机游戏来训练未来的军事战略家，提高军事指挥官在作战中的战略意识；萨博集团推出最新沉浸式的指挥和员工训练系统“太空堡垒”5（BattleTek 5)，为指挥官们使用虚拟现实眼镜（Oculus Rift）或头戴式显示器提供身临其境的体验，训练和演练复杂的防御和安全场景，大大降低战斗训练模拟成本；美国 Engility 公司开发了一种“即插即用”的人工智能程序，能够改善多种任务的作战效能，旨在通过自动化任务和减少士兵对战术问题响应时间加速决策制定；莱茵金属电子公司展示了其新的 OSIRIS 构造仿真指挥和人员训练系统，可以通过比较不同的行动路线及其可能的结果来作为决策支持系统提供决策支持，也可以作为发展作战概念和战术理论的实用研究工具，使用基于代理的模型和马尔可夫链技术来操纵单位和编队，系统可以达到旅级，可变仿真时间因子比实时快 60 倍。

随着云计算、大数据、人工智能、VR/AR/MR 等为代表的新技术飞速

发展，军事训练仿真系统的技术体制将发生重大变化。基于 VR/AR/MR 技术的“穿戴式”将在军事训练仿真系统得到广泛的“嵌入”运用，进一步增强沉浸感；云计算、大数据和人工智能等技术发展和应用，将进一步推动仿真训练技术的发展，为大规模联合作战训练仿真提供支撑。

（二）不断加大经费投入，促进联合战役指挥训练水平的提高

2017 年，美国第七陆军训练司令部投入 5800 万美元寻求为美国、北约及其盟国提供实际的、量身定制的训练解决方案，支持位于德国格拉夫沃伊尔的多国联合仿真中心、卫星在德国的凯泽斯劳滕和意大利的维琴察、德国霍恩费尔斯的多国联合战备中心等地的 LVC 训练演习，以及在整个北约进行的情景安全合作演习；英国陆军已经开始实施一项重大训练现代化计划，旨在提高传统仿真系统的效率，如联合作战战术训练系统、指挥与参谋训练系统以及实况战术交战仿真设施，提高其能力并为过渡到未来系统设定条件；罗马尼亚陆军为陆战队训练中心开展一项重要的改进计划，期望建立一个联合仿真网络，并将其扩展到立陶宛、乌克兰、保加利亚、匈牙利以及德国 Grafenwoehr 和 Hohenfels 的北约训练中心，以构建一个欧洲仿真中心网络；欧盟委员会签署了正式启动国防研究筹备行动的最终细节和预算，第一个研发行动将用于无人空中、地面和水下系统的技术验证机，包括具有“蜂群”作战能力的无人系统，基于北约兼容接口的信息交换基础设施，反区域/介入拒止技术以及可支持设计、验证解决方案和训练操作人员的仿真环境，第二个研发行动重点是军力保护和士兵系统；美国海军陆战队正在向 24 个步兵营分发新的虚拟现实游戏“战术决策套件”，以提升小型作战单元领导人在生死攸关的情况下的决策能力；Inzpire 公司已经向英国皇家空军空战训练中心的第三师（英国）总部交付使用分布式合成空地训练能力进行的铁龙演习，能够在高强度复杂联合空地作战中演习联合部队的战术、技术和作战程序；英国国防部与 MASS 签署价值 1000 万英镑的训练和演习支持合同，提供应急能力报告和标准系统、演习指导和报告以及国防演习规划工具。

三、各国军演不断推进未来作战能力建设

（一）各国军演不断深化战略训练仿真技术的应用

2017 年，各国涉及建模与仿真军演就多达 17 场，称为“演习年”，重点涉及多种技术的融合支持作战训练。美国海军研究局的“斯巴达新兴技术与创新周”演习，增强战场指挥官在多变的战场环境下快速知情决策能力；美国空军“红旗”演习、两次“太空旗帜”演习、太空网络挑战赛、“网络卫士”、第 11 次“施里弗”演习等，演示、验证“多域战”能力；美国海军陆战队“闪电剑训练”演习验证了在实时战术无线电操作人员和集中式演习训练人员间建立联网语音通信能力；美国陆军“网络探索 17”，围绕网络扩展、态势认知、内部威胁以及网络防御作战能力建设；美国战略司令部“全球哨兵 2017”演习，联合美国太空运行者和盟国能力，增强共同安全、改善太空态势感知；北约波罗的海作战演习、“锁定盾牌 2017”演习、“联合勇士互操作性探索、实验、评估和演习 2017”演习、“强大盾牌”海上训练演习等，不断探索和验证北约防御任务、网络防御、建模与仿真重点领域、综合防空和导弹防御能力等方面的作战能力；英国“红风筝”分布式训练演习、“铁龙”演习、英国联合作战司令部“一站式”发展战略演习等，推进双向分布式综合训练及分布式合成空地训练能力，验证“一站式”发展战略以及英国联合作战司令部训练目标。

（二）美国采用仿真技术持续推进“多域战”、太空战等作战能力建设

2017 年，洛克希德·马丁公司在其位于萨福克的“创新中心”，举行第二次“多域战”概念的作战推演，包括战略可视化工具“展览室”、智能空间系统、空军分布式通用地面系统、战区作战管理核心系统以及空中任务命令管理系统等诸多适应多域战的作战系统，研究如何跨域指挥和控制，提高空军、航天和网络领域的协同作战，探索反介入/区域拒止的作战战略、战术和武器的概念。

DARPA 向 BAE 系统公司授予价值高达 1280 万美元的合同，用于开发数字化实验室，帮助美国军事指挥官为外空作战做好准备，帮助美军“快速评估和整合太空指挥和控制技术”。该项目称为“霍尔马克测试平台”，将建立一个虚拟的太空战区，协助美军领导人更好地了解太空环境和潜在的威胁。还允许美军领导人练习如何开展“多域”作战，以便对在太空、陆海空或网络中收集的数据进行整合和分析，为同时开展的空间和地面任务提供支持。

“多域战”“混合电子战”“光学战”“进攻性蜂群使能战术”等新作战概念、新作战理论的驱动，为战略级训练仿真技术的发展原动力。

（北京机电工程研究所　耿化品　孔文华）

ZHONG YAO

ZHUAN TI FEN XI

重要专题分析

大数据智能时代欧、美军队推动仿真技术发展新动向

人类社会已经进入大数据智能时代，相关技术的发展与应用已经开始深入改变人类生产、生活面貌，对国家安全的影响更是深远而重大。2017年12月，《华盛顿邮报》发文称，美国国防部越来越关注这样一种观点，未来战争将愈加依赖人工智能、大数据与云计算。美军的实力将被其进步的算法所衡量，就像被军火库中的弹药衡量一样。根据数据科学和分析公司Govini的数据显示，2016年美军对上述领域的投资增加到74亿美元，高于5年前的56亿美元。随着美军进一步改变其能力训练和战斗准备方式，这种投资可能还会增长。

建模与仿真技术长期以来一直是美军赖以保持全球领先优势的重要法宝。2005年6月，美国总统信息技术顾问委员会在给总统的建议报告《计算科学：确保美国的竞争优势》中指出，由算法、建模与仿真软件、计算机与信息科学以及计算基础设施三大元素构成的计算科学，已经逐步成为继理论研究和实验研究之后认识、改造客观世界的第三种重要手段。美国国会2007年也将仿真技术列为国家关键技术。随着大数据智能时代全面来

临，美军仿真技术迎来了新的发展机遇，获得了新动力，相关动向值得关注。

一、“算法战”研究展露锋芒

算法战概念由前美国国防部常务副部长罗伯特·沃克2017年4月首次提出，他也是美国“第三次抵消战略”的“设计师”，以富有远见和善于创新闻名，因此该概念一经提出便备受关注。由沃克督办的算法战跨职能小组，是美国国防部为加快推进军事智能化建设设立的一个跨部门机构，目前该小组已经开发出首批4套智能算法，正在接受仿真测试，预计很快将投入实战应用。首批算法的成功开发，不仅意味着该小组的工作已经走上正轨，更预示着美军智能化建设将从军种各自为战的无序状态向国防部“自上而下”有序引导的局面转变，标志着美军智能化建设逐步进入“快进”模式。

算法在军事仿真领域并非新事物，算法如今已成为大国主战装备的标配。好的算法必然要通过仿真进行反复调试和优化才能应用。仿真系统本身也是由大量算法构成。大数据智能时代，算法与超级计算能力、大数据技术相结合能够产生更加巨大的魔力。2016年，美国辛辛那提大学研发的“阿尔法”智能软件，在仿真空战中操控三代机击败了由退役空军上校驾驶的四代机，主要原因是该软件的反应速度是人类的250倍。2016年6月，美国国防科学委员会在《智能化夏季研究报告》中强调，智能化能够带来巨大的行动优势，五角大楼必须强化对智能化的作战牵引。算法战概念正是在这一背景下产生的，作用是牵引智能化技术从实验室走向战场，加快推进人工智能的军事化应用，拉大与对手的技术代差。当前，美军情报信息收集能力与分析能力严重失衡，“数据信息多、可用情报少”的问题凸显。美国国家地理空间情报局局长罗伯特·卡蒂罗曾说，如果该局继续依靠手工方式筛选数据，未来20年需要雇佣800万名分析师！为此，算法战跨职能小组开发的首批智能算法将首先用于国防情报领域，以便将海量数据及时转化成可行动情报，从而更好地支持军事决策。

根据美国国防部的规划，算法战跨职能小组主要扮演“探路者”角色，负责演示验证人工智能的军事效用，为后续大规模研发和应用奠定基础。当前，人工智能已经成为五角大楼的最优先投资领域。据沃克披露，在2017财年国防预算中，约有120亿~150亿美元用于人工智能和自动武器的研发。目前，在负责人工智能研发的5家美国联邦机构中，3家带有军方背景。据悉，美国国防部还将设立一个“机器学习中心”，负责将智能算法引入国家安全领域。

二、“战争设计”以求先胜

仿真技术最典型的应用当属美军的战争设计案例了。在美军参与的最近4次大规模局部战争中，无论是战争的进程，还是战争的结局几乎都在美军设计的控制之内。颠覆性技术在军事领域的广泛应用及多方面军事活动的直接渗透，催生了颠覆性的战争制胜方法手段和相应的颠覆性作战理论。因技术革命和产业革命的飞速发展，人工智能、大数据、云计算、物联网、深度学习、3D打印、微系统等颠覆性技术的军事应用，战争面貌焕然一新，作战方式出现革命性变化。战争设计不能再沿用以往的惯性思维与方法去认识和解读战争、进行作战训练，否则必将落后于时代，被动挨打。只有将仿真科学技术与高超的指挥艺术相结合，主动设计战争、设计战役布局、设计力量体系、设计战法行动，才能走在前列，引领潮流，决胜未来。近年来，美军的作战设计以“联合构想—联合作战概念—联合概念”的发展模式，依托《2010 年联合构想》《2020 年联合构想》，开发了诸多新概念，如“第三次抵消战略”，陆军的“多域战”概念，海军的“分布式杀伤”作战概念，空军的“云作战”概念，成为引领美军转型的推进器。

在新理论、新技术、新装备加速涌现、更迭交替的新时代，未来战争将在“物理域”“信息域”和“认知域”全面展开，抢占战争制胜先机的时间坐标大大前移。夺取和保持制设计权，成为未来战争先敌一步、高敌一招、胜敌一筹的关键。战争设计必然需要更加依赖仿真技术提供有效的工具和手段。美军尤为注重以“战争预实践”为突出特征的检验论证环节，要求采取多种措施对新的作战思想和作战理论进行论证与评估，包括进行模拟和仿真实验、召开研讨会和专题讨论会、进行兵棋推演和实兵演习等，大大减少了作战理论创新中的非科学因素，推动了联合作战理论体系的不断完善与发展，形成理论与实践的良性互动。例如，美军在推出“空海一体战”概念后，曾先后组织了包括“英勇盾牌”“终极愤怒”“龙啸演习”等在内的多次兵推模拟和实兵演习，为促进这一概念向作战理论和作战能力的快速转化发挥了重要作用。

三、试验鉴定仿真常态化智能化

2016 年以来，美军为积极推动仿真技术的应用在试验鉴定工作中的应用而成立的“卓越中心”，不仅为美军 37 个试验项目提供了科学和统计学专业知识，为项目的试验规划提供了帮助支持，还开发了最佳实践、商业案例和从业人员教程等多项产品为进一步提升美军试验鉴定领域的知识管理能力，研制试验鉴定办公室尝试利用大数据分析技术，学习商业或政府部门的开发工具、技术及最佳实践，在系统全寿命周期内持续有效地更新知识库，同时加强试验鉴定数据的共享，提高知识管理能力。对于现代战争包含的武器装备种类越来越多，规模越来越大，装备之间的交联关系越来复杂，美军仍然不遗余力将建模仿真推进至复杂系统和体系层级的，同时采用多分辨率建模仿真的思想，面向不同作战任务需求对应不同粒度仿真。美军从试验鉴定模式、装备仿真模型库建设和建模仿真资源的具体使用要求三个方面，将建模仿真知识和资源落实到试验鉴定的具体装备项目上。

一是构建“建模仿真—执行试验—结果对比”的试验鉴定常态化模式。美军将基于建模仿真的虚拟装备试验鉴定作为一条常态化流程，与实装试验鉴定同步展开，通过基于物理原理和先验数据驱动的建模仿真结果与实际的试验鉴定结果进行对比，如果结果一致，则说明装备通过试验鉴定，达到作战能力要求；如果两类试验不一致，则通过综合评估判断，一方面校核和修正仿真模型，优化试验方案和计划，补充和扩展试验试验仿真策略模型；另一方面如果仿真确实没有错误，则能够形成作战评估报告，指出装备缺陷和提出改进建议。

二是构建美军统一的装备仿真模型库。美军在国防部层面和各军兵种层面多年一直不断建设建模仿真资源库，并且注重装备试验鉴定中使用统一的装备仿真模型。为避免模型的重复开发和不一致使用，美军明确在构建新的仿真模型前，应该首先确认是否已存在所需的经过验证、确认和鉴定的，并可重复使用的建模仿真工具和数字化系统模型。并且，美军进一步明确建模与仿真及分析，是实装和外场试验与鉴定程序中不可缺少的部分，因为对所有威胁场景、装备编配策略与战场环境的可能组合，进行全数遍历试验是及其昂贵和不现实的。

以美国空军为例，专门建立的官方空军建模与仿真官方网站，对于美军空军自身军种试验鉴定项目，其项目经历应该在建模仿真支撑计划和试验鉴定总方案中详细记录建模仿真如何支持研制和作战一体化试验鉴定。具体举例来说，在美国空军关于F－22“猛禽”战斗机的初始作战试验鉴定中，通过建模仿真和试验大纲优化，将原计划的初始作战试验鉴定试验次数从700多试飞架次缩减到200多试飞架次，在保证试验鉴定结果的同时，大大节约了试验鉴定资源。

三是建模仿真资源的全程使用。在明确包含建模仿真的试验鉴定模式和积极建设建模仿真资源库后，美军明确了建模仿真为重要资源，并要求在武器装备全寿命周期内尽可能使用数字化、虚拟化建模仿真资源完成各阶段的试验鉴定任务，而且建模仿真也是装备全寿命周期各个阶段唯一使用的主要试验鉴定资源和手段。

四、加速信息作战仿真发展实现“第三次抵消战略”

随着信息技术成本和获取尖端武器的门槛降低，美国越来越担忧自己曾经显赫一时的军事技术优势正在逐渐丧失。为此，2014年11月，时任国防部长查克·哈格尔对外公布了“国防创新倡议”，正式推出“第三次抵消战略”，以抑制美国的对手在技术和战术上取得的进步，防止其挑战美国的全球霸主地位。但是，美国《联合部队季刊》刊文指出，“第三次抵消战略”并不能完全解决现代化信息作战的问题，特别是信息作战演习的建模与仿真需求，建议美军应加大在实时、虚拟与建设性的信息作战仿真上的投入，从而为美军联合部队指挥官创造持久的非对称优势。

文章称，实现可重复的、规模化的信息环境模拟绝非易事。然而，如果要实现“第三次抵消战略”，各军种和国防部必须加大投入，使其信息作战部队能够在虚拟环境中训练。信息环境与信息作战的建模与仿真必须满足以下条件：一是采用体系化的方式，将单兵、小规模的信息作战训练纳入联合部队最高层的训练活动之中。这包括用于单兵和战术部队训练的虚拟环境与战略、战役级的仿真训练实现无缝对接；二是建制内和非建制内信息相关能力在各个层次所产生的一系列影响，要充分予以考虑；三是各联合部队和军种的模拟仿真网络、系统要实现互操作；四是所有的重要模拟仿真项目要实现兼容，从而确保形成通用作战图和通用战术图；五是与当前的指挥控制系统、秘密情报系统实现互操作，确保融入通用作战图和通用战术图；六是利用现代化的数据分析方法模拟信息环境中的行动，从而将公共媒体的作用考虑其中；七是利用支援决策的模拟仿真方法，包括但不限于人工智能驱动的增强现实技术、聊天机器人，以及其他用于理解信息环境中各类行动的专业系统；八是利用国家级的人工智能算法、机器学习软件，以及现代化的模拟仿真范式，精确地为复杂系统建模，以复制假想目标及其信息系统的行为和沟通方式。

发展先进的信息作战仿真能力为的是培养出高素质的部队，时刻准备设计、规划、演练、执行和评估信息环境中的作战行动，特别是要应对技术水平先进的敌人。因此，必须使用成体系的仿真系统，模仿友方、敌方和中立方的决策能力、行为、信息系统及其复杂的反馈流程。美军过于依赖传统的军事优势，而忽略了心理、道德等因素，只有信息作战才能解决此问题。未来发展信息作战仿真能力成本高昂，且技术尚不成熟。但“国防创新倡议”所关注的领域，如人工智能、机器学习、大数据分析等恰恰是信息作战仿真所需要的。同时，此类投资也会催生新的作战概念，并可通过联合作战演习加以验证。这与“国防创新倡议”所提出的创新目标相吻合。联合参谋部和国防部长办公室已经通过联合信息作战靶场，以及相关的网络空间和电子战倡议，推动了信息作战仿真发展。但是，联合信息作战靶场仅用于发展网络空间作战，而不是发展全部的信息相关能力支援联合作战。信息作战不仅仅是网络空间作战和电子战，还包括运用一系列信息相关能力将敌方置于困境，并促使其完全放弃抵抗意志。因此，如果无法全面仿真信息环境的认知域、信息域和物理域，就无法实现“第三次抵消战略”的目标。

五、欧洲防务局研究大数据仿真的军事应用潜力

为理解不断发展的大数据方法及技术如何影响国防建模与仿真、如何最大限度利用大数据持续增长的潜力等问题，欧洲防务局启动了“国防建模与仿真中的大数据”（Big Data in Defence Modelling and Simulation，BIDADEMS）研究，不仅取得了研究成果，还促使欧洲防务局启动了旨在研究新方法的“建模与仿真方法”（MODSIMMET）项目。

目前，大数据已在民用领域获得广泛应用，如帮助企业基于客户消费（大）数据做出更好的决策，但大数据在国防领域的潜在应用效益问题，还需要进行探索和研究。在此背景下，欧洲防务局于 2016 年 9 月发起 BIDADEMS 研究，力图更好地理解大数据在国防尤其是建模与仿真领域的方法、技术及应用潜力。在建模与仿真领域，大数据有助于简化军事仿真设计，生成更逼真的模拟场景与环境，提高对模拟结果的利用水平，甚至有机会将仿真与建模支持应用于军事试验与鉴定活动。

BIDADEMS 研究认为，一些新兴的大数据技术，如云计算、非关系型

数据库、数据分析或视觉分析等，在国防建模与仿真领域具有较高的应用潜力。该研究为欧洲防务局及欧盟成员国的未来工作提出了建议，主要包括：①未来，应考虑利用云计算来设计建模与仿真应用程序，即创建基于云的环境，为新型数据集的分析工作建立“沙盒”测试区。②进一步研究数据/视觉分析技术的应用以及建模与仿真模型中的数据分析应用，重点研究对象包括：一是经过预测分析可用作建模与仿真模型输入的模型及数据；二是当前的数据挖掘技术及其对建模与仿真输出数据的适用性。③鉴于大数据技术的高创新率，有必要针对分析人员进行新数据分析技术的培训，同时针对建模与仿真开发人员进行“大数据”注意事项提醒，以利于未来模型开发。

BIDADEMS 研究成果为欧洲防务局参加第二届“欧洲地理信息学研讨会暨大数据展览会”和“2017 年全球大数据防务峰会”（两次会议都于 2017 年 6 月在柏林举行）提供了重要支持。而且，该研究还推动欧洲防务局仿真能力技术团队启动了一项新研究——MODSIMMET 项目，该项目致力于探索如何运用多种技术方法来构建类似混合战争这种复杂的场景，如以大数据和人工智能为支撑的数据耕耘和兵棋推演等。未来，针对大量真实及模拟数据的收集、存储、分析及管理将会越来越多，大数据工具和方法的应用将成为欧洲防务局持续关注的问题。

大数据智能时代为仿真技术的发展开辟了新天地，美军已开始积极布局，努力延续其传统的军事领先优势。2016 年 10 月，美国国家科技委员会连续发布了两个重要的战略文件《为人工智能的未来做好准备》和《国家人工智能研究与发展战略规划》，将人工智能上升到了国家战略层面，为美国人工智能的发展奠定了宏伟计划和发展蓝图。2017 年初，美国公布的《2016—2045 年新兴科技趋势报告》明确了 20 项最值得关注的科技发展趋势，其中就包括人工智能、云计算、量子计算、大数据分析等新兴技术。足见在未来的30年，这些技术都将成为影响美国国家力量的核心科技，以确保其在未来战场上的战略优势。美军很早就开始探索人工智能技术与仿真技术的结合应用。美国国防高级研究计划局于2007年启动了“深绿”计划，目的是将仿真嵌入指挥控制系统，从而提高指挥员临机决策的速度和质量。未来大数据、人工智能、云计算与仿真将继续深入融合发展，产生颠覆性应用效果。对此，我国仿真行业部门单位在高度关注的同时，也应积极行动起来，依托我国军民融合发展战略、大数据战略、新一代人工智能发展规划等政策文件，深化军事斗争准备需求理解，创新我国大数据智能时代仿真发展思路，利用好当前难得的战略机遇期，努力实现从跟跑到并跑到领跑的转变，使仿真技术成为中国梦、强军梦有力支撑。

（哈尔滨工业大学控制与仿真中心　马萍　张冰　李伟）

美国军用仿真发展现状与分析

一、引言

仿真技术是以相似原理、信息技术、系统技术及其应用领域有关的专业技术为基础，以计算机和各种物理效应设备为工具，利用系统模型对实际的或设想的系统进行研究、分析、评估、决策或参与系统运行的一门多学科的综合性技术。能够通过以计算机技术为核心的现代高科技生成逼真的视、听、触觉的特定仿真环境，使参与者借助一定的交互设备，按照自己的主观意愿驱动仿真模型与环境，并感知仿真世界的各种对象，从而可以组织完成一些现实中难以完成或根本无法进行的活动。

目前，世界各国均认识到仿真技术在军事领域的巨大作用，将军用仿真领域的竞争视为现代化战争的“超前智能较量”，并把建模与仿真看作“军队和经费效率的倍增器”和影响国家安全及繁荣的关键技术之一。军用仿真系统成为研究未来战争、设计未来装备、支撑战法评估、训法创新和装备建设的有效手段，并贯穿于武器装备的体系规划、发展论证、工程研制、试验鉴定与评估、作战使用研究、综合保障直至报废的全生命周期。

二、军用仿真技术

随着信息化程度的不断提高，作战及装备系统越来越复杂，对仿真技术的应用需求越来越迫切，仿真技术在国防军事领域中的作用越来越重要。世界各军事强国竞相在新一代武器系统的研制过程中不断完善仿真方法，改进仿真手段，以提高研制工作的综合效益。

从技术特点来看，美国国防科学局认为建立集成的综合仿真环境和仿真系统，必须解决5个层次的技术。

（1）基础技术：涵盖光纤通信、集成电路、软件工具、人的行为模型、环境模型等内容。

（2）元/部件级技术：涵盖内存、显示、局域网、微处理器、数据库管理系统，数/模转换器，建模与仿真构造工具，测试设备等内容。

（3）系统级技术：涵盖微机系统、人机界面、远距离通信/广域网、计算机图像生成等内容。

（4）应用级技术：涵盖制造过程仿真、工程设计建模与仿真、人在回路仿真系统、随机作战仿真等内容。

（5）系统工程级技术：涵盖原型机、规划、设计与制造、训练与备战、测试与评估的集成综合环境和建模与仿真工程。

从应用领域来看，上述技术能够应用于包括计算机系统、远距离通信/广域网、人机界面、计算机图像生成、数据库管理系统、局域网、光纤通信、软件工程工具等技术部分，从而为制造过程仿真、工程设计建模与仿真、随机作战仿真、环境模型等军用仿真领域提供支持。

三、美军用仿真发展现状与分析

近20多年来，美国一直将建模与仿真列为重要的国防关键技术，专门成立了国防建模与仿真办公室，公布“国防建模与仿真倡议”，将“综合仿真环境”列为保持美国军事优势的七大推动技术之一。美国国防部将“建模仿真”列为“有助于能极大提高军事能力的四大支柱（战备、现代化、部队结构、持续军事能力）的一项重要国防技术”，以需求为牵引、以积累为基础、以创新为驱动，建立了覆盖战略、战区/战役、战术/任务、交战/系统层级，涉及各军兵种及联合作战的真实、虚拟、构造的全谱仿真系统、设施和环境，全面支撑武器装备研制和采办、模拟仿真训练、作战分析、作战实验、试验鉴定、作战计划模拟推演等应用，推动先进武器装备快速采办和换代发展、军事训练和演习模式与能力的转型、军事理论和战争实践不断革新。

以美军为代表的西方发达国家军队，基于绝对领先甚至跨代优势的装备和技术发展思路、多次局部战争实践及军事转型和武装力量建设改革的需要，通过立法和鼓励技术创新相结合，大力推动仿真技术的研究创新和应用转化，正在将军事仿真系统大量应用到军队作战实验、模拟训练、装备论证和联合试验等领域，推动着军用仿真技术的发展和军事变革。

（一）作战实验领域

在作战实验、推演分析、作战计划领域，通过观察和分析受控变量与观测结果的因果联系或关系，识别、开发、评估、提出新的作战概念和任务能力及条令、组织、训练、物资、领导、人员、设施的变革需求，依据对作战带来的影响和效果，为转型、改革、发展提供决策支持，尽快将新的理念、技术、能力形成部队实战能力，是美军在该领域的重要发展趋势和应对未来挑战的重要手段。美军以往重要的作战和非战争军事行动都必须在事前经过大量的计算机仿真评估和优化迭代，以减少因作战方案和行动计划不当带来的损失，近年来的多场局部战争，包括伊拉克战争、阿富汗战争、南联盟战争等，都在战前进行了大量仿真推演和评估，有效地减少了作战伤亡，加速了作战胜利的进程。美军参谋长联席会议还主导开发了军事后勤物流仿真系统并发布条令，规定所有重大的装备物资和人员调动，必须在行动方案中进行仿真优化。整体来看，仿真正逐步嵌入作战系统。通过仿真系统与指挥控制系统的互联，捕获公共作战数据，直接从指挥控制系统获取信息，及时更新仿真系统中的战场态势和最新作战目标，是未来作战实验领域的发展趋势。通过超实时仿真分析与评估，指挥员能够“看见”未来并迅速理解军事行动的展开，不断匹配、优选、调整和补充未来方案，从而直接支持作战计划。

（二）模拟训练领域

在模拟训练领域，美军在装备训练仿真、业务训练仿真和指挥训练仿真三方面着力，研制开发各类训练模拟器和系统，如飞行训练模拟器、炮兵模拟训练系统等，通过虚拟作战环境和模拟作战流程让训练人员快速掌握宝贵的操作技巧和作战经验，逼真的视觉、听觉甚至运动感受还能使训练人员能获得真实的操作体验；有针对性地设计具体的作战场景，高效、便捷地提高机关受训人员的业务素养；美军训练仿真系统大量采用了分布式仿真技术和计算机生成兵力技术。前者的典型代表是美军提出的高层体系结构（The High Level Architecture，HLA），后者的核心是人类行为建模，通过使用计算机生成可自主行为的虚拟兵力，让受训人员指挥的作战实体数目大幅增加，并能够依据敌军的作战条令定制蓝方，从而有效提高了训练过程的对抗性。训练仿真的最终目的是提供一个近似实战的联合训练环境。在模拟仿真系统建设与应用方面，美国陆军使用目标与威胁模拟、战术交战仿真系统、模拟器联网、构造仿真进行训练，海军使用模拟器、嵌入式仿真、兵棋推演进行训练，空军使用模拟器、分布式任务作战、实兵实装演习进行训练，海军陆战队使用模拟器、构造仿真进行训练，联合部队使用军兵种战役战术 LVC 仿真集成联邦实现基于能力训练的转型。美军仿真训练具有实战、全谱、积累、创新、联合的特点，联合仿真训练支撑联合作战已成为战备训练和战争实践的手段。

（三）装备论证领域

在装备论证领域，半实物仿真、数字仿真等先进仿真应用不仅成为了武器装备技术发展和系统研制的重要试验手段，也已经成为了新型武器装备研制的必备环节。从美国国防部制定装备的发展战略、规划计划、采购部署到维修退役，美军大力推行基于仿真的采办，将仿真应用到装备建设的全生命周期。受军方需求牵引影响，美国各大军火巨头也大力开展仿真技术的研究应用，并在研制和试验过程中大力使用半实物仿真技术，基于装备系统工作原理，使用解算数学模型的实时仿真计算机、模拟目标和环境光学/射频/红外/声学等特性的信号产生装置、模拟装备姿态等运动特性的转台、模拟控制执行机构负载的力矩模拟器、设备通信接口装置和试验控制台等，接入被测试系统或其部分硬件实物，形成逼真环境下的装备系统工作回路，对系统的动态特性和性能进行测试和研究，用于飞机、导弹、鱼雷等武器系统的方案设计、研制、试验鉴定定型、使用维护和改进。

（四）联合试验领域

在联合试验领域，建模和仿真可以优化试验鉴定计划和识别关键或高风险问题，破解因费用或安全等限制无法实装实弹试验鉴定的难题，模拟威胁目标环境和对抗条件或提供激励，预测或外推系统极限条件的包络性能，深化认识、理解系统特点和规律，支撑、优化和拓展开发、作战、实装实弹试验鉴定。美国国防部和各军兵种试验鉴定机构持续投资和重点发展新的试验鉴定科学技术、升级改造重点靶场和设施设备、仿真和逼真威胁模拟、联合任务环境试验能力。美军大力推行联合试验，开发试验训练使能体系结构（Test and Training Enabling Architecture，TENA），并大力推行逻辑靶场理念，将分布不同地域的实兵实装、模拟器和计算机仿真系统互联在一起，开展虚实一体联合试验，有效地降低试验费用，提高效率，使联合试验得以常态化开展，为采办决策提供持续准确可靠的试验鉴定数据支持，降低成本、周期和风险。

四、结束语

越来越多的国家已经认识到仿真技术在军事领域的重要作用，并正在大力发展各种军事仿真技术。目前，仿真技术正向网络化、虚拟化、智能化、协同化、普适化方向迅速发展。基于虚拟现实的仿真技术、分布交互仿真技术、面向对象的仿真技术、智能仿真系统、综合自然环境仿真技术、仿真模型验证技术等将是仿真技术发展的主要趋势。

（中国电子科技集团公司第二十八研究所　崔鹏）

美军赛博对抗建模仿真发展研究

赛博对抗超越了传统作战的界限，覆盖人类社会各个层面和人类信息活动所涉及的所有领域，彻底颠覆了传统安全观念，呈现出多种新型作战模式，包括物理域的电磁对抗、信息域的网络对抗、认知域的认知对抗、社会域的泛在对抗，对战争模式和武器装备体系发展带来了变革性的影响。世界主要军事强国针对赛博对抗领域的威胁和挑战，纷纷制定赛博空间发展战略，积极组建网电部队，加大赛博对抗领域投入，积极筹备赛博对抗相关建设，力求全面夺取赛博对抗优势。

建模仿真技术是支持赛博对抗研究与赛博装备体系建设最有效的手段之一。由于赛博对抗的特殊性，赛博作战研究人员几乎不可能针对实际系统开展相应的试验活动，必须构建赛博对抗仿真环境用于支撑赛博对抗试验与分析；同时随着武器装备的赛博元素迅速增多，新型武器装备的赛博对抗能力评估也亟需赛博对抗仿真技术支撑。世界各国已在赛博对抗建模仿真领域开展了大量的研究与应用。美军在该领域处于领先水平，利用赛博对抗建模仿真技术支撑了赛博对抗领域论证设计、技术研究与装备研发，取得了良好的效益。

一、研究现状

（一）赛博对抗建模理论与方法研究

为满足对抗手段不断丰富、对抗装备飞速发展等新形势下赛博对抗仿真的应用需求，美军进一步深化了赛博对抗建模仿真理论研究，不断加大对复杂战场网络建模、网络威胁感知模型、赛博安全评估模型等理论研究方面投入，积极探索新型赛博对抗建模仿真方法。

在复杂网络建模领域，美军重点推进了物理信息系统网络模型与进攻性网络建模方面研究，2017 年，美国研究人员提出了一种快速的创建物理信息系统复杂网络的理论方法，并借此开发了物理信息系统网络安全的仿真集成平台。在网络威胁感知领域，美军重点关注赛博空间的主要特征提取、特征属性分析，并研究赛博空间主要特征的形式化描述方法。2017 年，洛克希德·马丁公司已着手研究如何借助传统武器感知建模手段建立赛博威胁感知模型的方法。在网络安全评估领域，美军工作重心是研究网络威胁评估模型以支持当前赛博风险积分评估系统的升级和完善。最近，美国研究人员提出了一种新的赛博威胁评估模型，该模型根据欺骗、篡改、拒绝、信息披露、拒绝服务和权限提升判定准则来判断攻击的类型，然后利用潜在的破坏、再现性、可利用性、受影响用户、可发现性判定准则来评估风险，并通过典型案例分析验证了该模型的有效性。

（二）赛博对抗仿真环境构建

美军为了不断增强赛博对抗领域的仿真试验能力，构建了一系列赛博对抗仿真环境，主要包括：诺斯罗普·格鲁曼公司为适应综合电子信息系统 C^4ISR 与武器系统一体化集成需求构建的一个分布式的建模仿真环境赛博空间作战集成网络，Sandia 国家实验室和 Los Alamos 国家实验室联合组建的用于国家关键基础设施仿真分析的国家基础设施仿真分析中心，美国 Sandia 国家实验室开发的一个包含现实与虚拟实体的环境虚拟控制系统环境以及美军筹建的网络作战仿真系统。此外，美国国防高级研究计划局建设的国家网络靶场已成为美国网络作战力量训练的重要支撑平台。为了提升网络靶场的试验能力，2018 年美军计划对国家网络靶场的网络对抗演示、网络攻防评估能力进行深度升级和大幅扩展。

美军依托上述赛博对抗仿真环境，持续推进进攻性网络、云平台网络安全等赛博对抗新技术的研究，大力支持认知对抗、赛博飞机等赛博武器新装备的研制。目前，已经成功研制出多种赛博武器，包括通过无线注入方式侵入并操纵敌方空战预警网络传感器的“舒特”机载系统。2018 年 3 月，美军 MQ－1C“灰鹰”无人机通过搭载类似“舒特”机载系统的干扰吊舱，展示了扫描所有接入点、挖掘 IP 地址、截获通信内容甚至篡改对方地址和信息的能力。

（三）典型赛博对抗仿真应用

美军为应对日益增强的赛博威胁，促进新型赛博装备研制，开展了多种赛博对抗仿真活动，从“黑天使”计划到“爱因斯坦”系列计划，从“舒特”系列计划到“网络风暴”“网路闪击战”等系列演习，不断地帮助美军加深对赛博对抗行动的掌握，促进赛博武器装备研制。另外，也帮助美国政府提升实时感知态势和应急响应能力，增强政府在安全事件发生前的即时处置能力。

同时，美军一直致力于加强赛博作战人员的技术掌握能力，每年都会组织赛博作战人员进入赛博空间专业持续教育机构培训赛博作战相关技能技术。2018 年美军发起的“赛博 200”计划，旨在培养赛博作战人员从作战层面提升到战略层面思考能力，增强赛博人员在应对赛博攻击时的反应能力和执行能力。该计划大量采用赛博对抗仿真游戏方式对赛博人员进行培训，重点培养赛博溯源、网络安全维护和网络快速恢复等技术。

二、发展趋势

为保持美军在赛博对抗领域的优势，其在赛博对抗建模仿真领域发展的主要趋势如下：

（一）针对“多域战”主动防御的要求，重点开展进攻性网络建模、认知对抗等仿真技术研究

美国国防部长期以来一直致力于“多域战”理念的贯彻实施。为了满足未来赛博对抗领域主动防御的要求，美国国防高级研究计划局不断加大战场网络攻击研究方面的预算，持续推进进攻性网络、认知对抗等技术的研发。美国国防工业部门正全力研究进攻性网络、认知对抗等建模仿真技术，美国建模仿真协会也强调建模仿真在战场网络对抗领域的应用是建模仿真未来重要发展方向之一。

（二）持续推进赛博对抗仿真环境建设，拓展网络靶场试验能力

随着赛博对抗技术的持续发展，网络攻防手段变得越来越复杂，美军正在积极寻求网络靶场能力升级和功能拓展，以支撑新型赛博威胁下的赛博安全测试等工作。升级后的国家网络靶场，将能够演示和研究目前最具破坏性的网络病毒以及隐蔽性最强的恶意代码，同时还将有能力测试和评估更复杂的网络攻防技术，包括恶意软件、僵尸网络防御、木马程序、主被动防御手段等。

（三）促进赛博对抗建模仿真技术在无人集群、战场大数据等新装备新技术试验鉴定中的使用

当前新技术在武器装备体系建设中的应用不断加速，赛博元素已经嵌入大量装备之中，赛博对抗防护能力已成为影响装备整体效能的重要指标，如何有效检验新装备新技术在赛博空间的可用性、安全性成为研究热点。美军正在全力发展支撑新技术、新装备试验鉴定的赛博对抗仿真技术，如针对无人集群、战场大数据的装备体系赛博安全性仿真等。美国国防采购局已明确表示美军未来武器装备采办的一大重点是新技术、新装备的赛博安全测试。

（四）大力支持赛博对抗仿真游戏研发，提供高逼真沉浸式赛博训练与培训体验

赛博对抗培训能够迅速提升部队赛博作战人员的网络安全监测、网络攻击溯源、网络快速恢复等技能。美军正在加大赛博对抗培训相关投入，大力推广赛博对抗仿真游戏在赛博对抗训练中的应用，希望借助高逼真的场景模拟，对赛博作战人员的决策以及相关操作进行有效训练和评估，以期大幅度提高赛博作战人员在面对实际威胁时的反应能力。

三、主要做法与特点

（一）运用新理论，聚焦新方法，加强赛博对抗建模仿真基础理论方法研究

传统的建模理论方法难以对赛博对抗态势、行为和效应进行合理描述，美军正在深化赛博对抗建模基础理论研究，紧密结合复杂网络建模、基于 Agent 建模、人工智能理论等领域的研究进展，夯实理论基础；在此基础上，美军计划进一步深化建模方法研究，重点突破赛博对抗实体及态势表征、赛博智能对抗行为、赛博对抗级联效应等建模技术，满足应用需求。

（二）加大投入，加快推进国家网络靶场能力升级

国家网络靶场是开展赛博对抗研究的关键要素，支持赛博作战能力研究和赛博武器装备验证的基础环境，承担着快速形成国家赛博作战能力的重要使命。针对未来赛博对抗装备研制与技术研发需求，美军正在积极加大资金投入，着手推进国家网络靶场能力升级，使其具备能够快速构建各类试验网络，逼真模拟多种新型赛博威胁与对抗手段的能力，以支撑形成先进赛博对抗装备和技术的测试与验证功能。

（三）推动赛博对抗仿真技术用于新装备、新技术检验

未来新型装备的重要发展方向之一是大量赛博元素的集成嵌入，如何检验这些赛博元素的安全特性，对于评估新型装备的赛博对抗能力至关重要。赛博对抗仿真是赛博装备鉴定和赛博对抗能力检验的重要方式，美军正在大力推动面向试验鉴定评估的赛博对抗仿真技术研究，积极探索新型赛博对抗装备测试与验证手段，以支撑未来装备的赛博安全特性与赛博对抗能力检验。

（四）推广赛博对抗仿真游戏，提升赛博作战训练水平

基于赛博对抗游戏的学习环境能够有效提升赛博作战人员面对威胁时的反应能力与处置技能。赛博对抗游戏既能够高逼真地模拟真实赛博作战场景，又能够提供沉浸式的用户体验，可以帮助培训人员全面理解赛博作战内容，综合分析赛博对抗行动。因此，美军计划大力推广赛博对抗仿真游戏，以快速提升赛博人员作战训练水平。

（中国电子科技集团公司电子科学研究院　吴浩　聂帅　谷雨）

基于组件的航天靶场建模仿真关键技术分析及其展望

靶场是新武器装备试验场所，是军队新武器装备形成战斗力的桥梁。航天靶场试验面向导弹试验、航天试验、电子装备试验、空间试验等多种任务，由于实体系统规模大、结构复杂、造价昂贵，建模仿真技术被广泛运用于航天靶场试验中。航天靶场试验仿真往往涉及多种测控算法，包含多个领域系统模型间的交互协同，需要进行大量数据交换，对系统模型的构建效率、模型间的交互能力及仿真效率提出较高要求。传统的建模仿真大多采用面向对象和事件调度相结合的编码的建模方式，这种开发方式效率低下，且开发的模型内部紧耦合，模型重用性差。因此，一种可重用、高效的建模仿真手段成为航天靶场建模仿真的迫切需求。

近年来，基于组件的设计理念（Component - Based Design，CBD）在建模仿真领域受到青睐。CBD 的指导思想是将仿真系统细分为自描述的组件，组件模型用标准的接口规范描述它们提供的服务，将业务逻辑和与平台集成的部分隔离开来，消除中间件或集成需求对业务逻辑的影响。建模人员能够通过组合组件完成模型的快速构建，经过模型解析，最后由仿真引擎完成综合调度得到仿真结果。

目前，较为流行的基于组件的建模仿真技术主要有针对离散事件仿真提出的离散事件系统规范（Discrete Event System Specification，DEVS）；为解决高级体系结构（High Level Architecture，HLA）中联邦对象模型（Federation Object Model，FOM）重用性差、开发效率低的问题而提出的基本对象模型（Base Object Model，BOM）；为实现仿真模型的平台独立、跨仿真平台重用和集成提出的仿真模型可移植性规范（Simulation Model Portability，SMP2.0）。

一、基于 DEVS 的建模仿真技术

DEVS 最早由美国亚利桑那大学的 Bernard P. Zeigler 于 1976 年提出，是一套针对离散系统的层次化、模块化的建模仿真规范。DEVS 最大的优势在于其建立了严格的数学描述方法，关注模型的层次耦合关系，能够对复杂系统进行分解，对系统的层次结构和各个模型间的关联进行准确的描述。

在 DEVS 中，系统可以被拆分成不同模型，模型又能进一步被细分为子模型，不可再拆分的模型被称为原子模型，它通过定义一个七元组表示：

$$\text{AtomicDEVS} = (X, Y, S, \delta_{\text{int}}, \delta_{\text{ext}}, \lambda, t_a)$$

式中：X 为事件输入值集合；Y 为事件输出值集合；S 为状态值集合；t_a 为时间推进函数，根据当前状态计算当前时间；δ_{int} 为内部转移函数，表示在无外部事件驱动下，一个状态可以自发转换到另一个状态；δ_{ext} 为外部转移函数，表示在接收到外部输入后，状态的变化情况；λ 建立了内部状态到输出集合上的映射。

多个原子模型组合后形成的模型称为耦合模型，DEVS 规范具有耦合封

闭性，模型经过组合后可以以层次化的方式来描述更加复杂的系统，如图 1 所示。

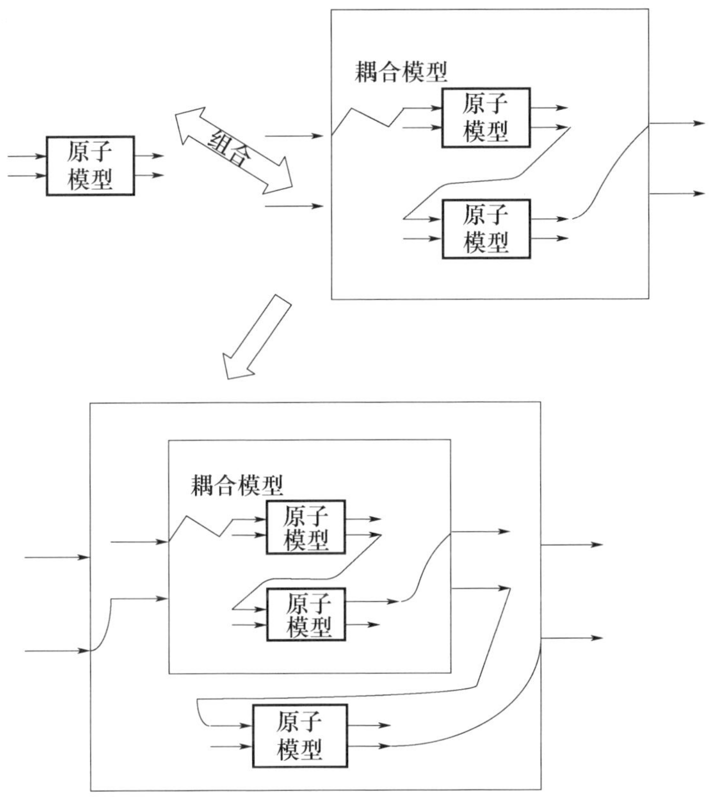

图 1　DEVS 模型的层次化组合

当利用 DEVS 完成组件封装及模型构建后，需构建相应的仿真引擎开展仿真。由于其强大的描述能力，各国研究人员对 DEVS 开展了广泛研究，提出了多种基于 DEVS 的仿真引擎。美国亚利桑那大学的 Jim Nutaro 基于 DEVS 设计了 Adevs 仿真引擎，该引擎利用 C + + 语言开发，由各模板类构成，推进仿真所需的数据通信、时间推进、事件调度、对象管理、内存管理等公共服务包含在各个类中。该引擎代码开源，2014 年发布 3.0 版本，支持并行仿真，在该校的建模仿真中心相关项目中取得了不错的成果。

PowerDevs 是由阿根廷的 Ernesto Kofman 等人基于 Devs 开发的一款的可视化建模仿真软件。该软件可在 Windows 和 Linux 平台运行，为用户提供了友好的图形界面，支持用户对仿真组件进行拖拽连线建模。模型建立后，软件能自动对模型进行解析，并提供仿真引擎进行实时仿真。PowerDevs 的仿真引擎包含仿真中断机制，较好地支持小型混合系统的建模仿真，但对大型复杂的系统的支持不足，2015 年已发布 2. 3 版本，研究人员还在不断扩充组件库，对软件的跨平台使用进行深入研究。

虽然 DEVS 提出了一套较为完整的建模形式规范，在离散事件建模仿真领域广泛应用，但也存在着不足：

（1）对直接面向应用的建模仿真支持不足。DEVS 从理论上支持对于不同建模体系进行统一、完备描述，但规范设计相对复杂，建模人员首次设计组件模型时工作比较繁琐，规范对直接面向应用的支持不足，缺乏对模型行为的描述。

（2）不同建模工具间交互能力不足。DEVS 自提出以来，已被应用在多个技术平台的建模仿真环境，但由于 DEVS 缺乏形式化语义，基于 DEVS 的不同建模工具之间模型交互能力较差。

（3）缺乏成熟的仿真引擎。DEVS 更多关注对模型的层次化描述，缺乏一个完备、成熟的仿真调度引擎产品，现有的引擎对仿真支持的性能差异大。

二、基于 BOM 的建模仿真技术

BOM 由仿真互用性标准组织（Simulation Interoperability Standards Organization，SISO）最早于1997年提出，2006年形成规范，是一套基于HLA为增强仿真模型组件的互用性、重用性及可组合性的组件设计框架。建模人员可以在此框架下构建组件并生成相应的组件模型库，通过组合模型库的组件完成仿真系统的快速构建，从而提升仿真系统开发效率。

BOM是概念模型、仿真对象模型或联邦对象模型的模块化表示，作为仿真系统和分布式仿真系统的开发和扩展所需的构建模块，它通过标准的模块结构来描述组件化的仿真模型，分别是模型辨识、概念模型定义、模型映射、对象模型定义4个模块。

BOM组件的描述由XML技术实现，组件框架根据XML中的信息自动生成。BOM组件的封装包括两个部分：一是用户组件模型；二是BOM组件接口。用户组件模型是组件功能的软件实现体，与具体仿真平台无关，能够在多个仿真平台实现重用。组件接口是用户模型与可扩展仿真运行框架（eXtensible Simulation Running Framework，XSRFrame）间的接口。XSRFrame作为一个通用的仿真运行框架，是BOM组件与HLA的中间件，完成联邦成员的动态创建，负责提供组件调度、数据分发存储、维护仿真一致性的仿真引擎功能。组件与XSRFrame间的接口具有“通用性”，包含组件描述信息，建立组件与联邦成员接口的映射关系，在特定范围内对组件进行约束，从而保证组件接口设计的一致性，满足所有类型仿真数据的传输要求。

仿真开始前，XSRFrame自动加载BOM组件构成一个联邦成员，联邦成员间的服务由HLA中的运行支撑服务提供，通过这一方式，建模人员可以基于BOM和HLA相关技术构建较为复杂的仿真系统。基于BOM组件的仿真系统如图2所示。

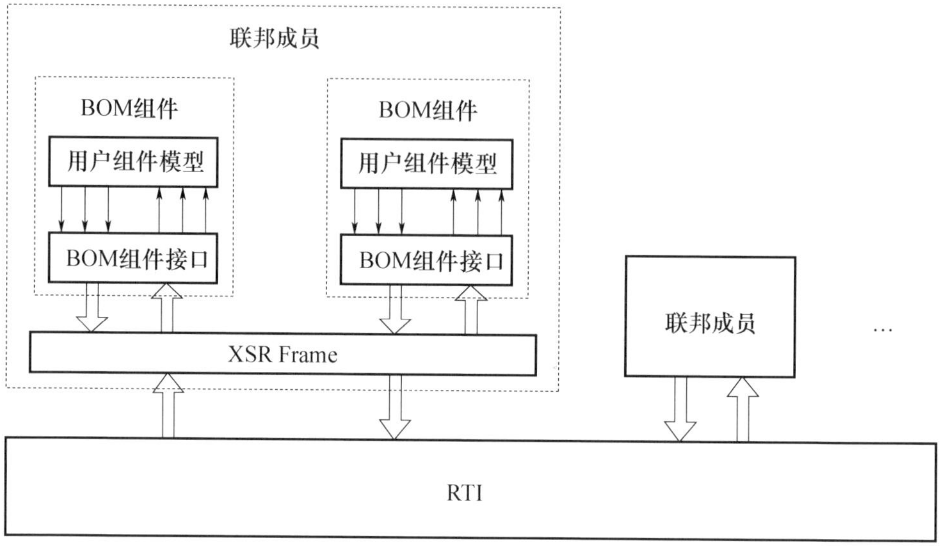

图 2　基于 BOM 组件的仿真系统

BOM 基于组件的快速建模思想在建模仿真领域得到了广泛认可。BOM 的提出，一定程度上解决了在利用 HLA 相关技术开展仿真时，模型重用性差、开发效率低的问题，它的不足主要体现在：

（1）对 HLA 外的仿真平台支持不足。BOM 是基于 HLA 提出的，目前 BOM 组件模型仅在 HLA 平台上运用，与其他仿真平台兼容性还有待验证。

（2）对模型应用层的支持不足。BOM 对概念模型进行了形式化描述，与 DEVS 规范类似，缺乏对仿真模型应用层描述的支持，对模型行为描述能力不足。

（3）复杂系统的仿真效率较低。缺乏完备的仿真引擎设计支撑，当系统包含较多组件时，仿真效果不佳。

三、基于 SMP2.0 的建模仿真技术

SMP2.0 由欧洲航天局于 2004 年提出，该规范借鉴了对象管理组织的模型驱动架构（Model Driven Architecture，MDA）思想，采用基于 XML 的仿真模型定义语言（Simulation Model Definition Language，SMDL）描述仿真模型的设计信息和组件装配信息，实现了仿真模型的设计信息与运行信息分离，提供了基本的模型框架及仿真运行框架，包括模型体系构成、仿真模型之间的互操作方式、仿真模型与其他组件模型之间的访问机制、相关的仿真服务等。

为实现 MDA 的思想，SMP2.0 分离了平台无关模型（Platform - Independent Model，PIM）与特定平台相关模型（Platform - Specific Model，PSM）。其中，PIM 包含模型规范、模型装配信息和调度信息，与仿真平台技术无关，通过映射和代码生成技术，能够实现 PIM 到 PSM 的转换。利用这种方法，即使平台技术不断更新，只要制定相应的映射规则，就可以利用 PIM 转换成新的 PSM，从而实现模型的可移植性。

此外，SMP2.0 实现了设计组件与运行组件的分离，其中设计组件描述了模型的结构（包括接口和模型特征等信息），运行组件描述模型的装配、集成信息。组件间的通信主要由接口完成，SMP2.0 包括两类接口：一类是模型与仿真环境之间的接口；另一类是模型与模型之间的接口。为确保模型建立后的统一调度，规范还涵盖了日志服务（Logger）、调度服务（Scheduler）、时间服务（Time Keeper）、事件管理（Event Manager）4 类支撑仿真环境的服务。SMP 系统体系结构如图 3 所示。

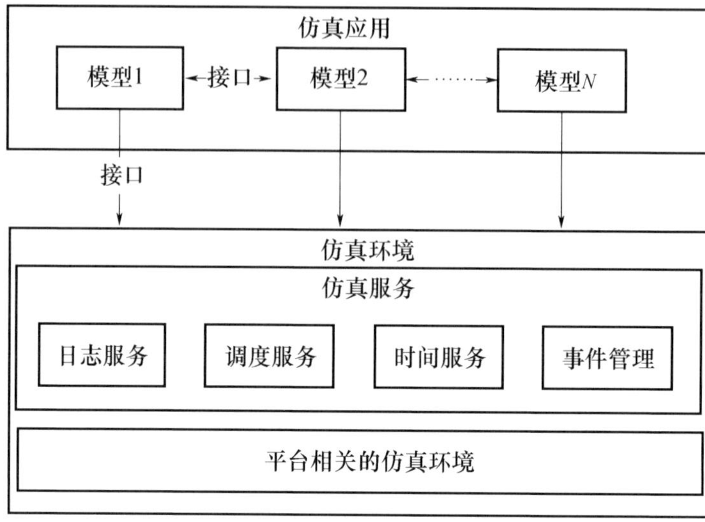

图 3　SMP 系统体系结构

SMP2.0 规范提出后，首先在欧美航天仿真领域成功运用，主要包括欧洲航天技术中心的“伽利略”系统辅助工具（Galileo System Simulator Facility，GSSF）、欧洲航天运行中心的金星探测和火星探测计划等。

SMP 作为首个遵照 MDA 思想实现的建模仿真规范，能够有效地支持复杂系统的建模仿真，提高建模仿真效率。但其仍存在不足：

（1）对仿真模型描述能力弱。与 DEVS 等规范相比，SMP2.0 无法无损地对系统进行描述建模，在完成模型的转换时，往往需要手动添加大量算法代码，难以实现 MDA 中真正意义上的可执行模型的自动生成。

（2）对建模概念抽象层次低。SMP 中现有的建模概念大多是技术层面的规范（如组件、类、接口、服务等），加之 MDA 思想和关键技术的复杂程度，无 SMP2.0 开发基础的普通建模人员使用难度大。

（3）缺乏开放的仿真引擎。制定 SMP2.0 规范的 Vega 公司开发的仿真引擎不对外开放，使用 SMP2.0 实现仿真模型的集成与执行，需要研究人员根据不同领域的仿真需求自行开发仿真引擎。

四、比较与分析

上文对三种基于组件的建模仿真技术及应用情况进行了综述介绍，从规范本身及建模仿真的效果来看，三种规范各有优劣，表1将三者进行了对比。

表1　三种基于组件的建模仿真技术对比

对比项目	DEVS	BOM	SMP2.0
基于MDA的模型设计	不支持	不支持	支持（通过定义仿真模型定义语言SMDL描述PIM模型）
模型行为描述能力	不支持	不支持	运用UML对模型进行描述，提供多个视图，支持对不同领域模型的自然描述，模型行为描述能力强
模型实例描述能力	严格的数学描述方法，能无损地描述多种系统形式建模体系，模型描述能力强	基于HLA建模仿真体系，关注组件的互用性、重用性设计吗，模型描述能力弱	UML缺乏对模型中仿真元素的支持，因此对仿真模型描述能力较弱
不同平台模型交互能力	缺乏形式化语义，模型间交互能力较差	基于HLA，通过发布订购的方式（接收方需要过滤）	通过建立映射实现模型间的交互

（续）

对比项目	DEVS	BOM	SMP2.0
接口描述	支持（通过原子模型和耦合模型的接口规范描述）	支持（接口数据结构在概念模型中定义，接口函数实现基于 RTI 结构的联邦）	支持（通过仿真组件模型 SCM 对模型组件接口进行规范）
代码生成能力	支持组件框架的自动生成，根据组件描述文件生成组件框架代码	支持组件框架的自动生成，根据组件描述文件生成组件框架代码	支持 PIM 到 PSM 的转换，实现了一定程度上的可执行模型代码生成
组件装配信息	XML	XML	基于 XML 的 SMDL
仿真引擎	提供了仿真引擎设计框架	提供了仿真引擎设计框架	提供了仿真引擎设计框架

总体来看，DEVS 采用严谨数学描述方式，对组件内部及接口设计进行了严格定义，层次化、模块化的建模思想及对模型完备的描述能力是其较其他规范的优势。基于 HLA 的 BOM 实现了组件的快速构建，提升了建模效率，但由于 HLA 本身过于复杂，模型实现成本高，BOM 的运用有较大的局限性。SMP2.0 采用 MDA 生成式建模的思想和基于组件的软件工程技术，实现了仿真模型的设计信息与运行信息分离，采用的模型变换、代码生成技术思想均能很大程度提高建模仿真效率。

五、航天靶场建模仿真需求与技术实现框架

在航天靶场试验中，涉及大量的航天测控算法，传统的面向对象的建

模方式，建模仿真人员既要熟练掌握相关专业知识，又要具备较强的编码能力，构建的仿真模型往往只能支持单一的试验，建模效率低，模型的重用性差，且一旦需要对模型采用的算法进行修改，建模仿真人员需要重新编写相应代码并进行集成，工作量大。因此，一种界面友好、支持组件生成、组件管理、快速构建仿真的试验工具是航天靶场急需的。

尽管每次试验构建的仿真模型不尽相同，但在同一领域开展仿真，不同的模型必然会有许多功能相近甚至相同的模块组成。针对这一特点，组件生成人员可以采用基于组件的建模仿真思想，遵循一套组件建模规范，将仿真系统中不同的仿真元素细分为自描述的组件，并利用组件生成平台对组件进行可视化封装、生成。建模仿真人员利用仿真验证平台将所需组件导入，在可视化建模工具中，通过拖拽、连线，采用“搭积木”的方式完成模型的组装构建，模型参数设置完毕后，仿真工具将对用户构建的模型进行解析，并将解析后的解算逻辑推送至仿真引擎，最后以图表的方式将仿真结果予以展现，生成仿真评估报告。技术实现框架如图 4 所示。

根据前文的论述，以 SMP2.0 为代表的生成式建模技术能较好地满足航天靶场试验的建模仿真需求：采用 SMP2.0 作为规范进行算法组件开发，结合可视化技术，确保组件接口的一致性和可视化封装；利用 SMDL 语言对组件及装配信息进行描述，并根据提供的仿真运行框架设计仿真引擎。建模仿真人员完成模型创建后，利用模型转换及代码生成技术实现可执行模型的自动生成，经仿真引擎调度结算后得到仿真验证结果，从而实现试验系统的建模与统一仿真。通过这种方式，仿真专业人员省去了繁琐的组件开发过程，能够灵活、高效地对仿真模型进行修正，既实现了模型的重用又达到了快速建模仿真的目的。

事实上，SMP2.0 相关技术也在不断成熟与完善：为弥补 SMP2.0 的行

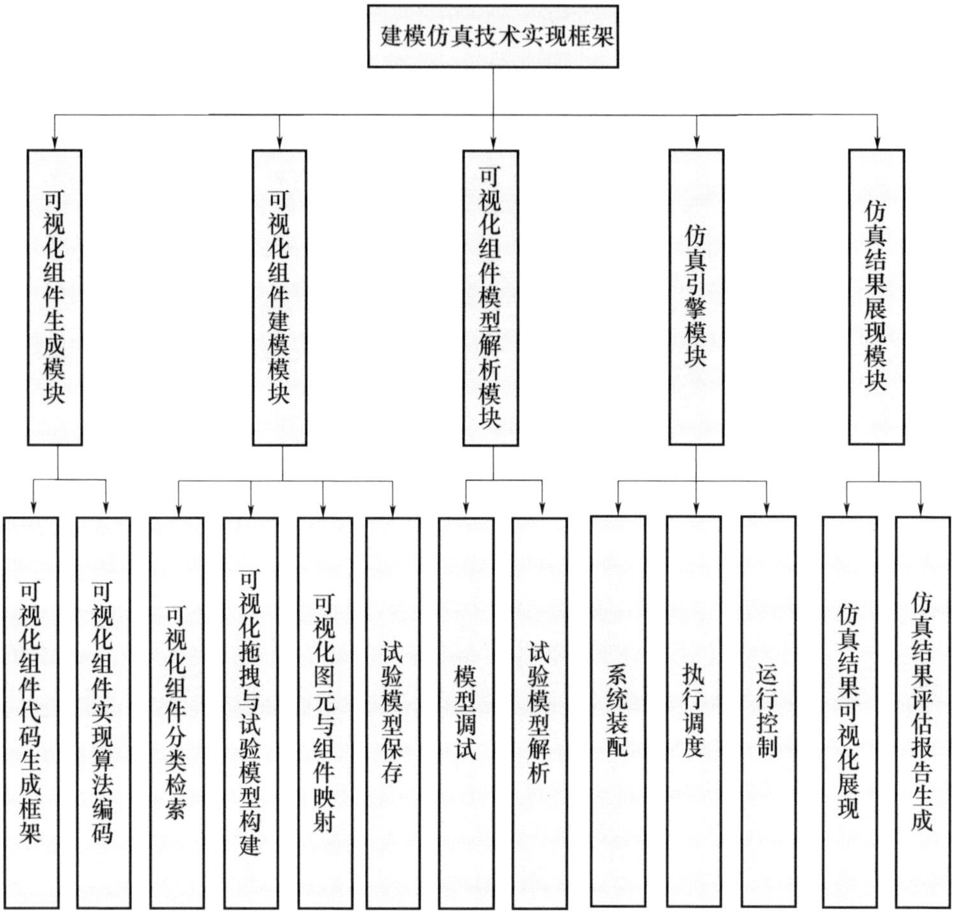

图4　技术实现框架

为建模能力的不足，研究人员实现了 DEVS 到 SMP2.0 的映射与模型变换，证明了将其他形式体系映射到 SMP2.0 的可行性，为将来实现多种形式体系下的复杂系统建模集成打下基础。仿真模型的生成技术、仿真引擎的开发完善也在持续进行中。综上所述，基于组件的生成建模方法，必将成为航天靶场建模仿真的发展趋势。

六、结束语

针对当前航天靶场试验仿真建模中模型重用性差、建模效率低的现状，本文对基于组件的建模仿真技术中较为流行的 DEVS、BOM 及 SMP2.0 规范及其应用情况进行了综述及分析比对。本文对航天靶场试验建模仿真需求进行归纳，提出其技术实现框架，并对航天靶场的建模仿真发展做出展望，认为 SMP2.0 能较好地满足航天靶场试验的建模仿真需求。虽然 SMP2.0 诸多相关技术还有待进一步完善，但其所代表的基于组件的生成式建模必将成为航天靶场试验建模仿真的发展趋势。

（航天工程大学航天信息学院　刘立昊　董正宏　王明俊）

国外导引头测试评估技术发展分析

导引头作为精确制导技术的实物载体，可进行目标及环境辐射、散射特性等信息感知，实现目标的精确探测、识别和跟踪性能。其涉及的各项技术的研究水平和技术状态最终要通过各项技术指标的实现情况得以体现，如何测试和评估导引头技术指标是设计、研制所面临的现实问题。结合近几年对导引头测试评估技术国内外文献的跟踪，对国外导引头测试评估技术发展情况进行分析。

一、导引头测试评估的概念与作用

（一）导引头测试评估的概念与特点

导引头测试评估是指在试验室或外场条件建立导引头模拟工作环境，对导引头整机性能指标进行测试验证，考核导引头协调性、实用性和可靠性，测试结果可表征导引头在设置条件下对仿真/真实目标的工作性能，验证导引头静态/动态工作时对典型目标的探测跟踪和抗干扰能力。

导引头测试评估试验主要包括室内单机性能测试、半实物仿真、外场静态跟踪、外场动态挂飞和环境试验5类。室内单机性能测试重点评估能体现导引头软硬件性能的单机指标，如灵敏度、视场、跟踪范围等指标；半实物仿真试验需将导引头与弹上控制系统相连形成闭合回路，可在预定弹道下对模拟目标进行检测和跟踪，测试指标包括角度测量精度、角速度跟踪精度和去耦系数等；外场静态跟踪试验中一般把导引头安放在转台上，仅依赖转台的摆动和导引头伺服转动，在外场环境测试对无人机、靶机等运动目标的工作性能，测试指标包括作用距离、截获信噪比等；外场动态挂飞试验需将导引头安装在载机等运动平台上，载机可以模拟弹载速度、高度等导引头工作条件，在此环境可考核导引头动态性能，测试指标可以同外场静态跟踪试验一样；环境试验是通过模拟导引头工作的高温、高湿、振动等弹载环境，主要在室内检验导引头在不同弹载模拟环境下的适应性，测试指标可以从室内单机性能测试指标中选取典型指标进行试验中和试验后测试。

（二）导引头测试评估的作用

导引头测试与试验能客观、有效鉴定精确制导技术研发成果，在研发的全过程中均占有非常重要的地位。导引头以及各项核心单项技术的研发过程本身就是一个设计、测试、评估、改进设计的反复迭代过程，导引头测试环境和方法以及相关测试标准的广泛研究应用对提高导引头通用化程度、杜绝研制误差、减少测试成果不确定度，以及提升导引头整机技术水平具有重要的支撑作用。

导引头测试、试验工作是导引头研制过程的关键环节，也是同类导引头性能比较的依据。由于导引头应用领域覆盖甚广，具体项目的应用背景和指标约束更是相差甚远，因此，只有搭建合理的测试场景、配合标准的测试方法规范，才能实现对不同应用背景、不同专业领域的精确制导技术进行科学管理与客观评价的目的。每当一种新体制导引头涌现时，配套的测试设备和方法的规划和设计是必不可少的。

有针对性的导引头测试评估方法，为导引头量身打造，直接支撑导引头产品的测试评估和能力升级。为使精确制导技术持续、跨越发展，适当研究有针对性导引头测试方法非常有意义。对不同技术成熟度等级导引头，采取与研制进度相匹配测试方法研究将使得导引头每个成长阶段都有测试依据，而对不同体制导引头测试方法研究将提升测试方法专业性。反之，如果不研究产品的技术状态，而采用现有试验设施条件、标准规范直接套用，将导致测试不到位、评估不全面的结果。导引头测试技术的发展将加深对导引头研制技术的理解，该项研究将使精确制导技术研发体系更趋完善，在制导技术研究中同样具有重大的意义。

二、国外导引头测试评估发展动向

（一）现有导引头测试环境及配套方法可以满足大部分测试评估需求

国外非常重视导引头的测试评估工作，如美国埃格林空军基地、陆军高级仿真中心、陆军导弹司令部、白沙导弹靶场以及海军研究院等都建设有内场评估中心，相应导弹型号在列装前，都要在评估中心进行内场验收，作为装备定型的主要环节之一。导引头作为导弹的关键部件，其战场环境适应性能指标测试是各方关注的重点。

美国陆军导弹司令部（亚拉巴马州红石兵工厂）自 1978 年以来，先后建立了“自动激光导引头性评价系统实验室”和“自动红外成像导引头性能评价实验室”，分别用于支撑“铜斑蛇”激光半主动导引头和“先进中型反坦克导弹系统”（AAWS－M）红外成像导引头的研制。美国沃特航空实验室采用 Guest 公司红外目标仿真器作为模拟目标对线扫/凝视红外成像导引头的动态性能进行测试评估，目标的运动可以通过透镜移动和变焦镜头来实现。

（二）精确制导技术发展对新体制导引头测试能力提出新要求

随着光电技术的发展，精确制导技术不断推陈出新，而精确制导的新概念、新原理、新方法、新技术研究则极大提升了精确制导跨代发展的技术能力。2006 年林肯实验室公布了激光成像导引头的一种测试方式，如图 1 所示，包含了动态目标模拟控制器、目标存储室、控制室和激光雷达瞄准镜。

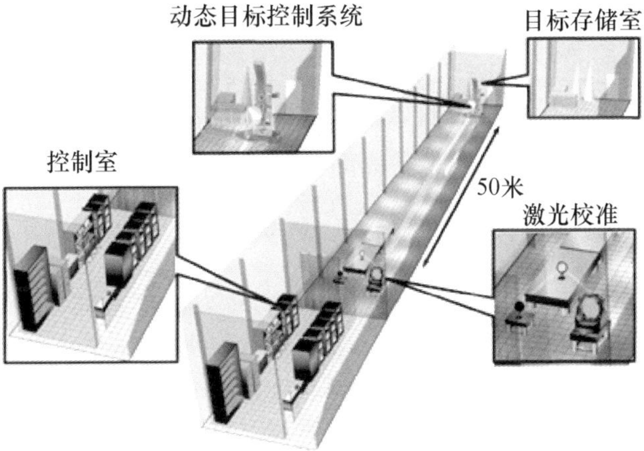

图 1　激光系统测试设备布置方式

林肯试验室激光测试系统的主要特点：一是模块化总体结构设计（含 8 位、4.2 吉赫任意发射波形产生器，8 位、1 吉赫、4 通道数字转换设备和多组盖革模式雪崩光电二极管（APD）读出电路板）；二是大口径望远镜（1 米直径）系统充分收集目标激光回波信息；三是目标可以一定频率

(0~4赫)实现不同姿态的变化，满足导引头多普勒性能的测量需求。如图2所示，通过激光对锥形目标区域泛光照明，通过导引头成像测量可获得静态和旋转锥形靶标频率下的功率谱密度（多普勒信息）。

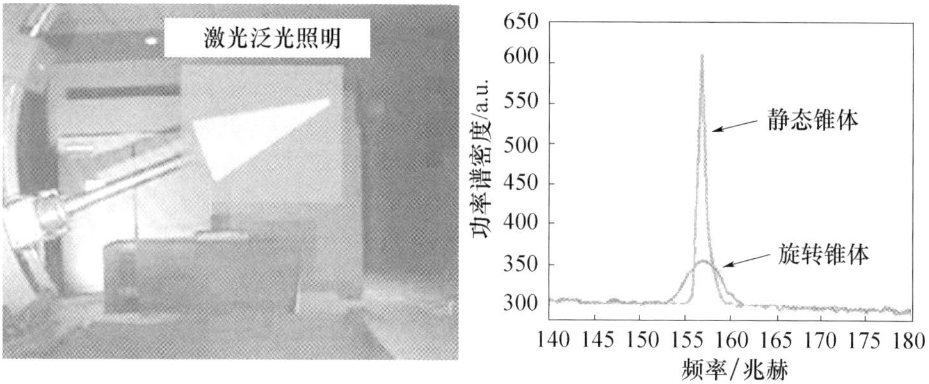

图2　锥形靶标测试场景和结果

（三）多模复合导引头性能测试重点是解决复合场景模拟问题

多模复合制导技术是当前精确制导技术的一个重要发展方向，用于实现精确制导所需的目标信息获取能力，进行弹载声光电复合测量制导技术研究。复合制导技术向体制差异大、波段跨度大、信息维数多、集成度高方向发展，重点解决复杂战场环境适应性、抗干扰、目标识别等问题。复合导引头主要包括射频/射频复合、光学/光学复合、射频/光学复合三类，射频可细分为微波、毫米波、米波等频段，光学可细分为红外、可见光和激光等波段。

1. 对于共轴工作的多模导引头多采用集成式复合目标模拟器

美国海军空战中心从20世纪80年代末就开始了射频/红外导引头的试验和验证研究，主要在射频天线内安装微型红外辐射源实现射频、红外双目标模拟，导引头则在五轴转台上完成测试工作。美国林肯试验室对红外导引头的测试也随着导引头技术的发展由单波段发展到双/多波段，其双波段红外场景生成器由两个128×128或512×512的核光学动态系统生成（图3），配合液氮冷却等辅助设备可有效实现弹道导弹防御系统导引头所处的空间作战环境模拟。

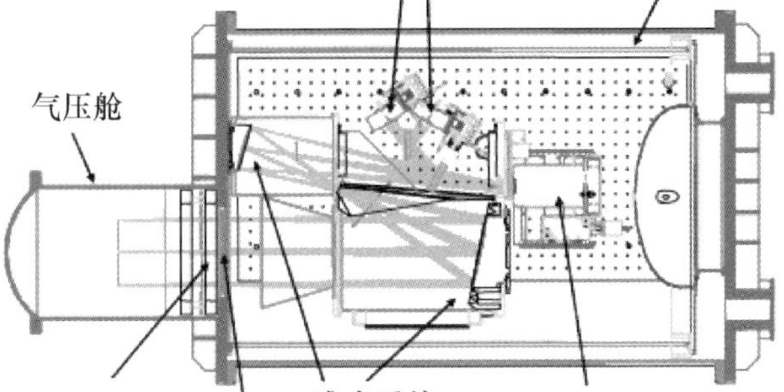

图3　美国林肯试验室双波段导引头测试用低温场景投影系统内部设计

2. 对于非共轴工作的多模导引头采用独立可设的目标模拟器

美国琼斯·霍普金斯大学应用物理实验室建造的制导系统评估实验室所测试的导引头采用射频前向探测、红外侧窗探测体制，所以测试系统设计上也结合导引头复合体制设计目标模拟和场景，如图4所示，包含红外作战环境模拟器、射频阵列模拟器两部分。其中，红外作战环境模拟器主要模块包括：目标接近模拟（可变尺寸）生成装置、点目标/干扰模拟装置、动态场景生成装置、光学中继模块（潜望装置）及二维红外景像移动装置，可提供被测导引头多种辐射源方位范围±45°的输入目标景象；射频导引头则在前向通过微波阵列控制器控制微波辐射方向和强度在暗室环境完成测试。

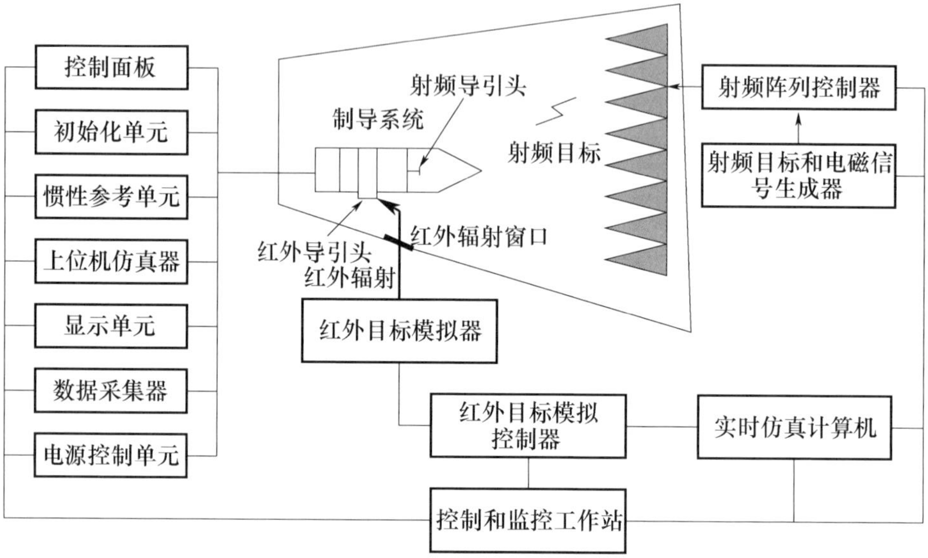

图 4　美国琼斯·霍普金斯大学应用物理实验室搭建的射频/红外导引头测试场景

（四）导引头抗干扰性能测试评估采用室内仿真与外场验证相结合方式

干扰是伴随导引头技术的发展而发展的，作为弹上末制导设备的导引头在工作中也不例外地遇到各种有源或无源干扰。导引头面临的自然干扰、人为干扰等复杂环境对导引头的工作造成了很大的威胁，如何有效地采取抗干扰措施将对导引头的截获概率、跟踪精度产生很大影响。导引头抗干扰性能测试就是合理评估导引头的抗干扰措施边界条件，为导引头抗干扰技术能力提升提供支撑。

1. 室内数字和半实物仿真可遍历测试导引头各项干扰环境下的性能

仿真测试便于实现导引头性能边界摸底，为导引头技术水平再深化、再提升创造了条件。数字仿真和半实物仿真在室内即可实现，具有成本低、操控性强和受干扰因素少的特点。通过系统、有效的仿真环境模拟和导引头测试可进一步丰富和完善导引头测试的指标体系和试验体系，实现各类导引头性能指标考核和验证试验，通过数据分析导引头性能边界，为促进精确制导技术的研发提供支撑。

导引头抗干扰评估方面国外尤为重视，美军已经构建了较为完备的室内数字仿真和半实物仿真系统，这些系统都具有较高的置信度，不但可以对导引头在干扰环境下的抗干扰能力进行评估，还可以对各种射频有源干扰、红外诱饵以及多种定向干扰装备的干扰效果进行评估。美国空军电子战评估中心的电子战评估半实物仿真系统能够对射频和红外对抗系统进行电子战模拟测试与评估，如图 5 所示。该系统在点源红外干扰、红外干扰机、红外干扰弹等干扰情况下，可以完成多元红外制导、线扫成像红外制导和凝视红外成像等不同体制的导引头抗干扰性能评估。

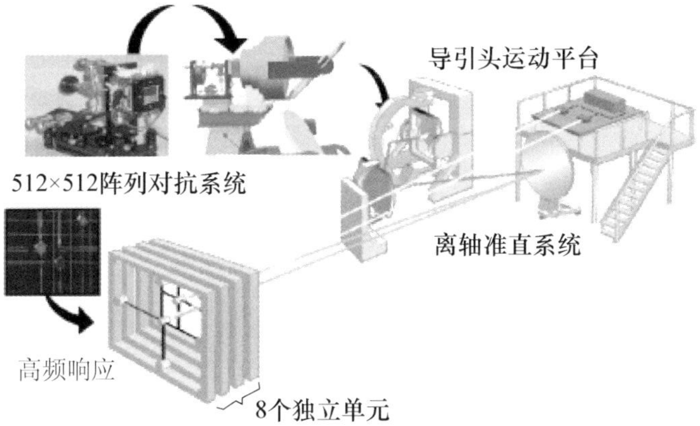

图 5　美国空军电子战评估模拟器的红外对抗模拟器

美国国防高级研究计划局资助了麻省理工学院梅地亚实验室建立一个作战虚拟环境，可模拟出战场上各种复杂的作战过程，进行各种作战模拟，各类导引头都可以在此环境下完成测试。

2. 外场验证测试导引头典型工作环境的抗干扰性能

自 20 世纪 70 年代末期起，美国就开始逐渐重视外场环境的构建，以验证导引头在典型工作环境的性能。随着干扰对抗技术的发展，导引头干扰性能的验证也愈发成为外场测试的重点。美国国防部2002年建设的19个国家级试验基地中，有8个发射场重点测试各类武器装备的电子对抗性能。

位于新墨西哥州中南部的白沙导弹靶场能够完成导弹飞行条件下电子对抗试验，其中白沙试验中心应用技术试验与仿真处、美国国防部作战试验与鉴定局、白沙导弹靶场对抗中心和美国陆军研究所生存能力/致命性分析处电子战科都是负责进行电子战装备试验的单位。

（五）导引头仿真测试更关注模型的拟真度

随着光电子技术的飞速发展，采用计算机仿真技术对导引头面临的各种作战环境进行模拟，特别是外场试验不易得到导引头性能信息，而且效费比高。西方发达国家认为要把“建模与仿真”应用于21世纪新的作战能力形成过程之中。导引头仿真模型一般包括传感探测模型、信息处理模型和伺服控制模型等，仿真测试主要研究与末制导及其相关环节的建模理论与方法、室内单机测试仿真、半实物仿真及外场仿真验证试验。

1. 全面、统一的标准规范体系确保仿真测试有据可依

在标准规范方面，美军针对导弹、导引头的设计测试和评估制定了大量的标准。美国军用标准是当前国际公认的先进技术标准，体系完整，内容丰富、结构严谨、技术先进，为及时反映成熟的先进科技成果，每年修订的标准多达六七千项。

无论哪一类仿真测试，仿真测试模型的置信度决定了测试结果的可重复性和可信性，也越来越受到各方的重视。模型校核、验证和确认（Verification，Validation and Accreditation，VV&A）是模型置信度评估的重要手段。当前国外已经建立了比较完善的VV&A标准/规范，主要包括4类：美国DoD系列规范、IEEE VV&A标准、SISO VV&A模型、NATO MSG－019/

TG－016。其中，美国国防部在 DoD 5000. 61 中给出的 VV&A 定义在建模仿真中，特别是军用建模仿真领域得到更多的认同。

2. 精细化模型分解和研究确保了系统集成模型的可信度

在 20 世纪 70 年代起，由美国陆军夜视实验室针对红外成像系统建立了关键性能模型，如调制传递函数、噪声等效温差、最小可分辨温差和作用距离估算等模型。1979 年，美国陆军实验室对相应模型做了改进，并构建了基于 Johnson 和视觉判别准则的作用距离估算模型。1992 年，L. B. Scott 和 J. D Agostino 提出了 FLIR92 模型，对凝视红外成像系统的调制传递函数、最小可分辨温差模型进一步精确化。1999 年，美国陆军夜视与电子传感器局对 FLIR92 模型进行改进，发展形成 NVTherm 模型，现有国外红外探测系统测试多依据上述模型进行性能评估。

目前，美国雷声公司、麻省理工学院、柏林工业大学、欧洲航天局等机构围绕着复杂电磁环境下射频体目标仿真方法开展了大量的研究，在理论和工程实践上都取得了重大突破。美国建立了大型毫米波制导、复合制导等一大批仿真实验室和物理效应仿真试验系统，仿真目标模型由点目标加角闪烁发展到距离和角度高分辨的体目标，目标角位置仿真精度越来越高。

（中国航天科工集团第二研究院二〇八所　梁海燕）

大数据时代的仿真模型校验思路初探

建模与仿真技术是一门多学科的综合性技术，它面向一定的应用需求目标，以控制论、系统论、相似原理和信息技术为基础，以计算机和专用设备等为工具，利用系统模型对实际的或设想的系统进行动态试验和数据分析并得到一定的仿真结果服务于应用需求目标。仿真模型需要经过校核、验证和确认（Verification，Validation，and Accreditation，VV&A）的过程，以确保其具有满足应用需求目标要求的足够高的可信度。

信息技术已经进入大数据、云计算、人工智能、移动互联网等为主要驱动力的新时代，大数据是这个新时代的重要基础，因此可以被称为大数据时代。大数据时代的全面到来给建模与仿真这一与信息技术密不可分的学科领域带来新的发展动力，更快的计算速度、更真实的场景、更智能化的模型将使建模与仿真的能力再次腾跃。但与此同时，仿真理论、仿真方法、仿真平台及其技术发生了彻底的改变，对仿真科学来说，这既是机遇也是挑战。传统仿真与大数据仿真相比，仿真理论的重心从模型转向数据，仿真方法从抽样和发现因果关系转到全局和发现相关关系，仿真平台从单机、基于局域网的分布式平台转向云仿真平台。种种颠覆式的变革给建模与仿真最重要的基础性工作——仿真模型校验带来了新的机遇与挑战，本文试图对此进行初步探索。

一、大数据时代的建模与仿真

（一）大数据时代

对于大数据，目前还没有准确、统一的定义。本质上，大数据不仅意味着数据的大容量，还体现了一些区别于“海量数据”和“非常大的数据”的特点。通常认为大数据具有“4V”特性：一是规模性（Volume），即体量大，数据量级可达太字节、拍字节乃至艾字节以上；二是多样性（Variety），信息的种类多、异构，可以多种信息载体形式存在；三是高速性（Velocity），是高速率的流数据，要求处理速度在合理时间之内；四是价值性（Value），或称为真实性（Veracity），即大数据往往含有噪声，具有高价值、低密度的特点，或指数据包含的价值具有真实性。维基百科从处理方法角度也给出了大数据的定义，认为大数据是指常规软件工具去捕获、管理和处理数据所耗时间超过可容忍限度的数据集。

大数据时代的到来是信息技术飞速发展的必然结果，互联网应用的广泛普及，带来了可供处理大量的数据，包括社交网络、博客、微信、基于位置服务、搜索服务、电子商务交易记录等，云计算使数据存储和处理能力不断得到增强，物联网技术的广泛普及与应用为人类洞察世界提供了可能，各类大数据创新应用产生了很好的效果，促使各国将大数据作为新兴战略资源和新的产业经济增长点。大数据带来了全新的研究思维和方式，其革命性特征主要有：从局部到全体，将网络化的大数据作为分析对象；从单纯到繁杂，接受数据的繁杂和不精确；从因果到关联，更强调相关性而非因果性；从简单到深入，更强调深度分析和间接分析。

（二）大数据时代的建模与仿真

1959 年，Thomas Samuel Kuhn 在《科学革命的结构》一书中提出了科学研究的范式概念，作为在一段时间内为科学家集团所共同接受的科学信念，科学范式是一组假说、理论、准则和方法的总和，用于指导现实科学研究。目前，已存在并得到公认的科学范式包括：第一范式是科学实验，通过观测、记录、验证得出发现；第二范式是理论推导，通过逻辑推导、数学证明得出发现；第三范式是科学计算（包括建模仿真），通过科学计算和模型仿真得出发现。

第四范式是由微软公司 James Gray 最早提出的，他认为，数据探索性研究方式，即基于数据密集型的科学发现，是未来一个非常重要的趋势。这些科学研究从以数学模型计算为中心的方式，转变为对海量数据处理为中心的方式。在数据达到一定规模之后，科学研究模式也会发生从“量变”到“质变”的根本性转变，这就是一种新的范式的诞生。因此，第四范式可以独立于基于数学模型的科研形式，单独成为一种新的科研范式。我们可以看到，第四范式与第三范式的主要区别是，先有大量的已知数据，然后通过计算得出之前未知的理论。大数据时代最大的转变，就是放弃对因果关系的渴求，取而代之的是关注相关关系，这颠覆了千百年来人类的思维惯例。对大数据方法能否构成一种新的科学研究范式，目前还存在不同声音。但无论怎样，大数据技术的出现和发展对建模与仿真而言具有非常重要的影响，将革新现有仿真科学的思维方式和科研模式，改变现有的建模方法学和仿真支撑体系结构，并将革新现有的仿真应用工程技术。

大数据与仿真未来将会走上一条融合发展的道路，你中有我，我中有你，密不可分，为人类生存发展面临的复杂问题提供新的解决方案和工具手段。大数据仿真未来将在越来越多的、由人—机—物构成的、具有多层网状、跨域关联的复杂巨系统研究方面发挥巨大作用，产生颠覆式结果。2016 年 9 月，欧洲防务局启动了“国防建模与仿真中的大数据”（Big Data in Defence Modelling and Simulation，BIDADEMS）研究，对大数据在国防领域的潜在应用效益问题进行探索和研究。BIDADEMS 研究认为，一些新兴的大数据技术，如云计算、非关系型数据库、数据分析或视觉分析等，在国防建模与仿真领域具有较高的应用潜力，有助于简化军事仿真设计，生成更逼真的模拟场景与环境，提高对模拟结果的利用水平，甚至有机会将仿真与建模支持应用于军事试验与鉴定活动。该研究最终报告建议：未来考虑利用云计算来设计建模与仿真应用程序，创建基于云的环境，为新型数据集的分析工作建立“沙盒”测试区；进一步研究数据/视觉分析技术的应用以及建模与仿真模型中的数据分析应用；对建模与仿真开发人员进行大数据分析技术的培训。BIDADEMS 研究还促使欧洲防务局启动了旨在研究新方法的“建模与仿真方法”（MODSIMMET）项目。

二、大数据时代仿真模型校验面临新挑战

建模与仿真进入大数据时代，给仿真模型的建立和校核验证都带来了新挑战。传统上，建模与仿真是建立在相似性理论基础之上，通过对实际系统进行建模，使两者之间具有相似性。这样，如果输入相似，则认为输出也应该相似，从而达成仿真的目的，用相似性中的类比方法来获取结果，这是仿真科学最基础的观点，也是仿真模型校验的基本思路。如果仿真数据与真实系统数据接近程度满足应用目标的需要，就可以认为仿真模型通过了校验。建模与仿真 VV&A 是伴随建模与仿真应用全生命周期的一项活

动，随着建模与仿真和大数据技术的日益融合，VV&A 活动的内容、使用的工具、指标都将发生显著的变化。目前建模与仿真同大数据的融合尚处于早期阶段，相关体系结构、开发流程、接口标准都还没有成熟的方案，相关的应用案例也比较少，这里将对大数据时代的仿真模型校验面临的挑战进行初步讨论。

（一）大数据时代仿真模型校验的理论挑战

大数据仿真更多的是依赖“数据模型”，绕开理论、不再建立因果模型、直接获取答案。大数据可以作为真实世界镜像，充当比较完美的现实缩微模型，用以进行仿真和预测。大数据和复杂系统仿真结合的数字孪生系统可以兼顾“过程”与“结果”，对“过去和未来”的全面情况进行深入学习，实现更加智能的建模与仿真。大数据对传统仿真理论方法的变革性影响给仿真模型校验带来了挑战：首先，大数据仿真无须事先给出假设和建立系统模型，其运行的结果往往得到的是相关关系而不是因果关系，其预测结论受制于数据和使用的分析方法，如何确保其客观性和可信性，这需要研究相应的大数据仿真模型校验理论。目前的大数据理论、方法与技术还处于早期的思想萌芽状态，还缺乏系统的理论体系、技术方法和应用实践等支撑。其次，传统的建模与仿真是基于相似理论的，其仿真模型的校验可以通过比较真实系统和仿真系统在同样输入数据条件下的输出数据来进行，大数据仿真模型突破了这一理论框架，其校验问题必须建立新的理论框架。最后，现有的仿真模型的校验方法很难应用于大数据仿真模型的校验，必须研究开发新的仿真模型校验方法和工具以满足大数据仿真模型的校验需求。

（二）大数据时代仿真模型校验的数据处理能力挑战

仿真模型校验需要处理大量的数据，大数据时代的仿真模型校验需要处理的数据可能会成千上万倍的增加，这其中包括真实系统的大数据和仿真系统产生的大数据。真实系统的大数据包括来自自然世界的科学实验数据或工程传感数据以及来自互联网的人类社会活动数据。仿真对象的日益复杂，仿真平台性能越来越高，仿真试验需要反复运行以消除不确定性和获得更精确结果等因素，决定仿真本质上就是大数据的重要来源。仿真大数据不断增长给仿真模型校验过程中的数据处理带来了挑战。首先，现有仿真模型校验平台很难满足大数据处理的要求，而目前流行的大数据处理平台主要面向搜索、电子商务等领域，难以适应对分布、异构复杂系统的仿真大数据进行感知、采集、挖掘、处理、应用的需求，相关平台需要根据仿真模型校验的需要进一步优化。其次，大数据注重整体性，在大数据仿真模型校验中，要注重时效性和精确性以及完备性三者之间的关系，在数据量增长和数据种类增加的过程中，数据处理的时效性变化成了影响仿真模型校验的关键性问题，甚至可能需要牺牲精确性和完备性来追求时效性。最后，大数据具有价值稀疏的特点，如何处理仿真大数据中的噪声，解决数据密集和可用数据稀疏之间的矛盾，或将成为制约大数据仿真模型校验的重要问题。

（三）大数据时代仿真模型校验的工程挑战

建模与仿真作为一种系统工程技术，经过几十年的发展已经形成了较为科学有效的过程模型，校验工作作为建模与仿真开发过程的重要伴随环节也已有了较成熟的流程和标准指标体系。大数据时代到来将使复杂系统仿真的应用更加深入和广泛，建模与仿真与真实世界系统设计、开发、运行、维护等的关系更加紧密，复杂系统开发越来越多地采用基于大数据和模型的快速敏捷工程方法，模型将无处不在、无时不在，使按部就班的逐阶段进行仿真模型校验的流程受到越来越多的挑战。大数据时代仿真模型校验需要紧跟系统工程开发模型发展的步伐，综合考虑各种变化因素，利用好大数据和模型快速迭代更新所带来优势，采取更加有效的过程模型和标准体系提升仿真模型校验的效率和精度。

三、大数据为仿真模型校验提供新思路

大数据仿真模型校验虽然面临诸多技术挑战，但目前国家、企业和社会各个层面对大数据发展的高度重视，切实推动大数据在理论、方法、应用方面取得了显著的进步，未来将会加速发展，相关进步可以仿真模型校验重要支撑。

（一）大数据为仿真模型校验提供数据管理支撑

随着数据存储技术的不断进步和成本的不断下降，人类可以存储越来越多的数据，各种大数据中心层出不穷，为仿真模型校验提供高可用、高可靠性的数据管理平台，大大降低仿真模型校验工作数据管理的成本，有效提升仿真模型校验工作数据管理的效率。大数据仿真模型校验需要高性能、高可扩展、低成本、易用的分布式存储系统基础设施，目前主要有NFS、Andrew File System、Coda等，其中最著名的是Google文件系统，它构建在大量普通的廉价设备之上，支持自动容错等功能。

（二）大数据为仿真模型校验提供工具支撑

大数据时代各种数据分析和可视化工具层出不穷，可以充分满足仿真模型校验对大数据分析方法、工具和结果可视化展现的需要，从而使仿真模型校验更加科学高效。目前大数据分析和可视化常用工具主要有：SPSS Statistics、SAS等传统分析/商业统计工具，SPSS Modeler、Matlab等数据挖掘工具，TableAU等通用大数据可视化分析工具，NanoCubes时空数据分析

工具，以及 R 语言、Python 语言、Java 语言等适合大数据处理的编程语言。

（三）大数据为仿真模型校验提供全量数据支撑

数据不足往往导致仿真模型得不到充分的校验。而大数据时代的来临，使仿真模型校验使用的数据不再是“样本”而是“全体”。数据的极大丰富使仿真模型的校验和仿真系统测试更加全面充分。随着数据收集、存储、分析技术的突破性发展，仿真模型校验可以更加方便、快捷、动态地获得所需的所有数据，不再因诸多限制而采用样本研究方法，有助于仿真模型校验的思维方式从样本思维转向总体思维，从而能够更加全面、立体、系统地认识仿真模型校验的总体情况。在全量数据的支持下，可以更全面地从整体上对复杂系统仿真模型进行校验，从而为复杂体系仿真模型校验提供了新的思路。

（四）为仿真模型校验提供更全面的知识支撑

随着被仿真对象的复杂程度不断提高，有时很难知道其背后复杂的因果关系，从而使复杂对象仿真模型校验成为难题。而大数据时代，通过大数据技术挖掘实物之间隐蔽的相关关系，获得更多的认知与预见，在一定程度上可以弥补因果关系缺失给仿真模型校验带来的影响，使复杂对象仿真模型得以建立和校验。传统的仿真模型校验，有较多环节需要人工专家的参与，对仿真模型的可信度进行主观性的评价。而大数据时代，利用深度学习、专家系统等方法获得人工智能的技术手段日益成熟，可以逐步应用于仿真模型校验过程中需要专家参与的环节，替代部分专家对仿真模型的可信度进行评价，进一步提高仿真模型校验的准确性、客观性和工作效率。

大数据时代的来临给仿真带来的冲击和影响是巨大的，特别是在仿真模型校核验证方面，面临更多的难题和挑战。但大数据的“4V”属性对仿真模型校验而言也是难得的机遇。必须学会驾驭和利用大数据为仿真模型的校验工作服务，紧密跟踪大数据理论方法和应用实践创新发展，积极地在仿真模型校验工作中利用最新的大数据分析方法和工具，全面提升仿真模型校验工作的效率和水平。未来可进一步统筹大数据和建模与仿真发展规划，组织开展大数据时代建模与仿真校验理论与方法研究，积极跟踪大数据理论研究和应用实践的最新成果，主动运用大数据分析方法和工具，进一步提高大数据时代复杂系统建模与仿真校验的效率和准确性。

（哈尔滨工业大学控制与仿真中心　张冰　李伟　马萍）

多智能体在军事仿真领域的应用现状

军事领域的系统仿真素来是仿真技术发展的探索者和开创者，它随着军事斗争的产生而萌芽，随着战争样式的发展不断发生着变化。进入信息化时代，计算机技术广泛应用在作战指挥、战争模拟等方面，战争样式也从“钢”与“铁”的较量发展为信息化装备的较量，传统的“人—武器”的简单系统变成了“人—武器—信息—人”的复杂系统。在这一复杂的战争系统中，每个个体相对独立又相互联系，传统的仿真方法已无法对这一系统进行模拟。因此，人们提出基于多代理系统的建模和仿真。

本文首先对 Agent 和多代理系统（Multi – Agent System，MAS）的基本概念进行阐述，并对 MAS 的体系结构和分类进行分析，然后就 MAS 在军事仿真的应用进行论说，最后指出 MAS 在军事仿真领域存在的问题和发展方向。

一、Agent 和 MAS 的相关概念

（一）Agent 的基本概念

Agent 的原意是“代理”，Shoham 教授曾提出，如果一个实体可以用心

智状态进行描述，那么该实体可视为一个 Agent，这一定义即是 Agent 的强定义。作为补充，Wooldrige 教授又提出了 Agent 的弱定义，即如果一个实体具有自主性、应激性、预动性、社交性4 条基本性质，那么该实体也可以视为一个 Agent。目前，Agent 的弱定义被大多数学者认可。

（二）MAS 的基本概念

MAS 最早出现在 R. Davis 和 R. Smith 所提出的合同网协议。MAS 不仅仅是多个 Agent 的简单交互，而是对大量简单 Agent 的复杂交互进行研究，其目的是通过多 Agent 的协作和交互来完成单个 Agent 无法完成的复杂任务。

二、MAS 的体系结构和分类

（一）MAS 的体系结构

Agent 体系结构是指基于 Agent 理论来创立、设计并实现 Agent 系统的构架。它描述了组成 Agent 的基本成分及其作用、各成分的联系及交互机制等。依据目前 Agent 理论，可将其划分为慎思式、反应式和混合式三类体系结构。其中，反应式和慎思式两种体系结构的对比如表 1 所列。

表 1　反应式和慎思式体系结构对比

类型	原理	模型	优点	缺点
反应式	行为主义	感知—行动	简单经济、易计算； 响应快速	智能特性较低； 灵活性低
慎思式	符号推理	心智模型	智能化较高； 灵活方便	设计较困难； 执行效率较低

通过对比不难发现，反应式和慎思式体系结构各有优缺点，都不是构造 MAS 的最佳体系。因此，将两种体系结构结合起来并充分利用两者优点的混合式体系结构逐渐成为研究热点。图 1 表示一种混合式 MAS 模型。

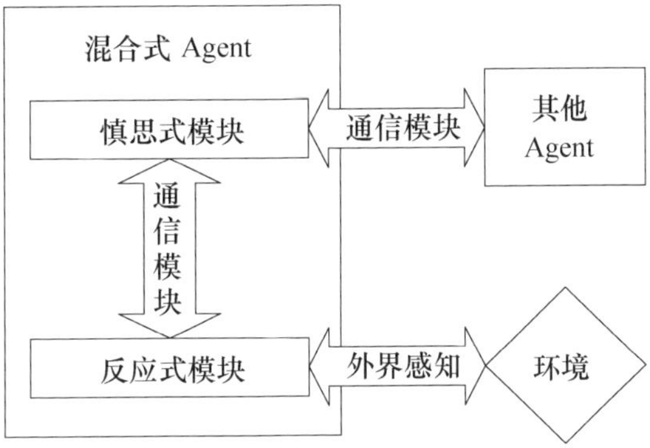

图 1　混合式 MAS 模型

（二）MAS 的分类

作为人工智能的前沿学科，MAS 被广泛应用于众多领域，也衍生出许多 MAS 的分类方法，这些分类方法也从不同的方面体现着 Agent 的特性。具体来看，MAS 的分类可由图 2 表示。

以上图表所进行的 4 种分类，正是对应着 Agent 的 4 种特性。归纳起来，也就是其体现出的 4 种基本能力：自我反应、应激变化、协调预见和目标控制。

三、MAS 在军事仿真领域的应用现状

基于 MAS 的仿真技术随着科技进步和复杂系统的发展越来越多地受到人们的重视，并已成功应用在公共政策、经济管理、人力资源、医疗卫生、

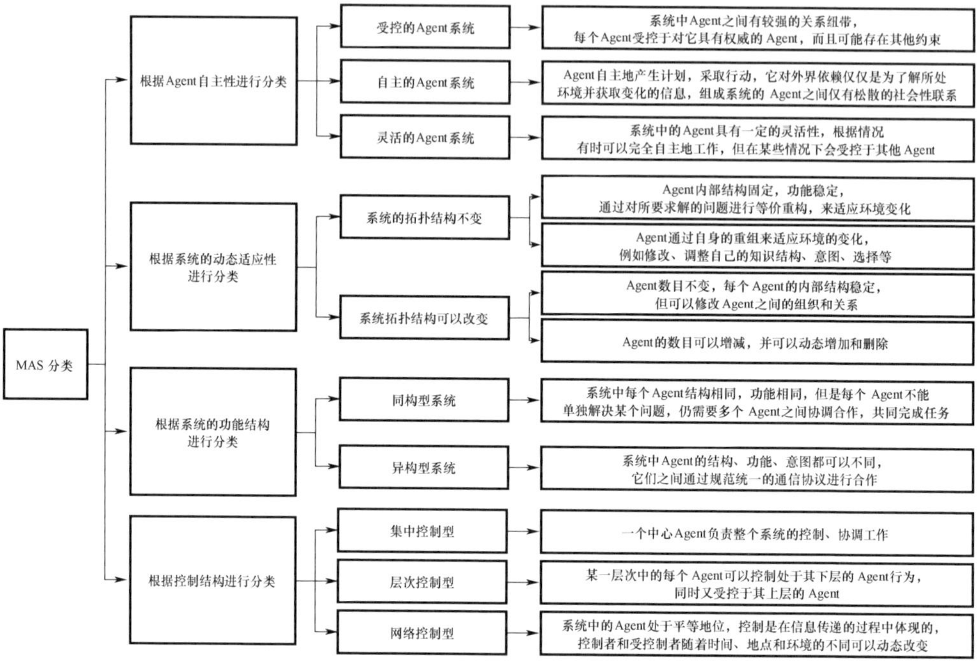

图2　MAS 系统分类

交通控制和网络管理等领域。特别是在军事仿真领域，MAS 技术，已在作战模拟、军事训练、后勤管理和装备保障等方面取得了很好的仿真效果，并建立了相应的仿真平台的仿真系统。整体来看，国外在 MAS 领域的研究领先于国内。

（一）MAS 在作战仿真中的应用

1. MAS 在作战仿真理论方面的研究

美国卡耐基梅隆大学的 ThoMAS. R. Ioerger 小组在军事训练方面，以分组成员 Agent 行为作为研究点，建立了团队协同仿真模型。该模型的研究侧重于在训练中作战 Agent 成员分组优化和协同配合等方面。

2000 年，有关论文中提出了“联邦式作战仿真”的概念（图3），并提出了一整套关于概念和应用的理论成果，对作战仿真的理论和应用起到了巨大的推动和指导作用。

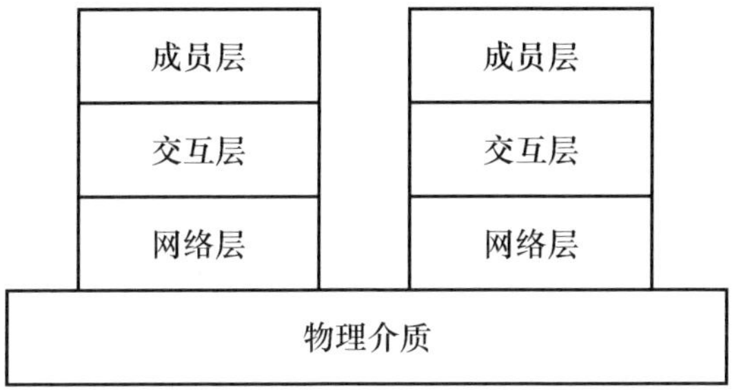

图3　联邦式作战仿真层次结构

2. MAS 在作战仿真系统方面的研究

美国海军作战开发司令部，依据霍兰的复杂适应性系统理论，提出了半自治自适应作战系统。半自治自适应作战系统可理解为一个灵活的 Agent 系统，具有规则、任务、态势感知和自适应性4 个特性，其目的是解决陆战系统在多大程度上具有自组织特征的问题。以半自治自适应作战系统为蓝本，后续开发了增强的半自治自适应仿真工具系统，是半自治自适应作战系统在 Windows 环境下的增强版本，运用面向对象的 C + + 代码，用户可根据需要定义 Agent 行为，该系统是目前基于 Agent 的作战模拟仿真中仅有的相对成熟的“概念演示实验系统”。

澳大利亚防务部队学院建立的可约束的战场生命行为仿真系统，在使系统中的 Agent 依据个性化特征进行行为决策的同时，还引入了机器学习技术，将系统的整体目标与 Agent 行为规则相结合，进行更科学合理的训练评估。

3. MAS 在作战训练仿真方面的研究

在这一领域，国内研究进展比较大。其中，多机战斗推理分析结构，以心智结构来描述单个及编队的空战决策情况，并用 MAS 模拟飞行员在空战中的直觉反应和推理预判等行为。

由于军事领域具有较高自治能力，同时又受其他实体约束。根据这种情况，国内研究人员提出了半自治作战 Agent 系统（图 4），并将该系统运用于某型坦克作战评估，对该型坦克作战过程中各种行为活动进行建模，验证了模拟系统的有效性。

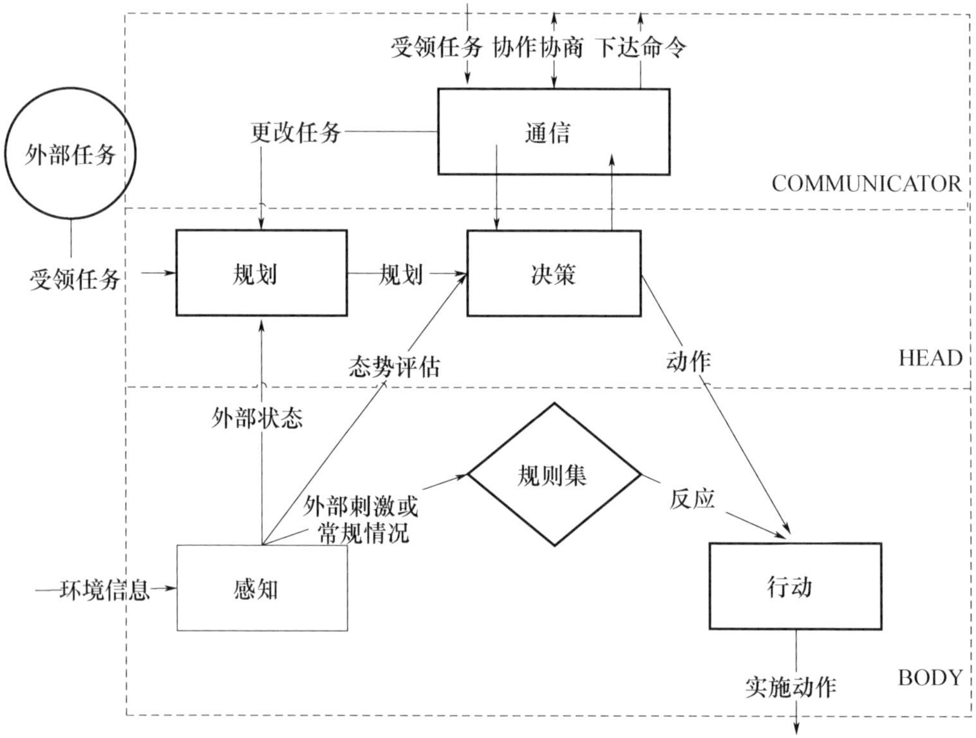

图 4　半自治作战 Agent 系统

（二）MAS 在保障仿真中的应用

1. MAS 在保障仿真理论方面的研究

20 世纪末，美军提出“聚焦后勤”的新思维，力图使后勤仿真和作战仿真集合起来。但是，这种大规模的仿真系统，已不是传统“单机系统”

可以解决的，为了提高仿真系统的兼容性和有效性的问题，专家提出分布式交互仿真技术即“高层体系结构”。该技术以其高效的特征，逐渐成为仿真领域特别是 Agent 领域的标准规范。

2. MAS 在保障仿真系统方面的研究

早在 20 世纪 80 年代，美军便已经开发出 WARSIM2000 系统。该系统虽未明确地使用 MAS 概念，但其可通过网络大规模连接，并可模拟战场环境，进行人员模拟训练，已具备 MAS 的雏形。

近年来，随着装备保障仿真理念的不断进步，国内在该领域的研究也取得了比较大的成绩。其中在题为“一种基于反馈的装备保障决策心智模型研究”的研究报告中，以装备保障人员在执行保障任务中突遇火力打击时的反应为背景，设置了反馈条件，并应用计算机仿真验证了模型的合理性。带反馈的 BDI - Agent 推理模型示意图如图 5 所示。

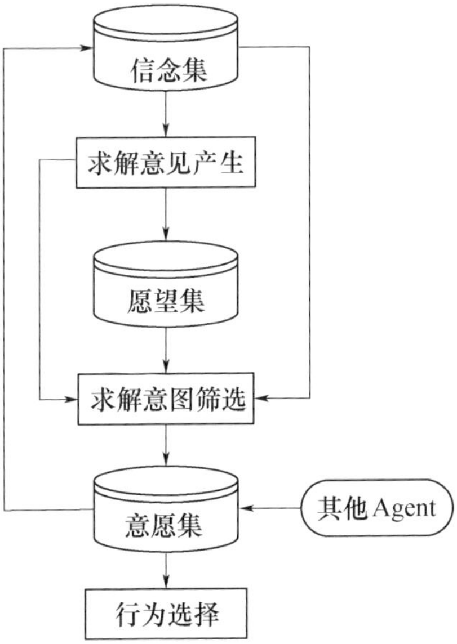

图 5　带反馈的 BDI - Agent 推理模型示意图

为解决智能化装备保障问题，国内有教授提出了一种基于多 Agent 的综合保障信息系统结构模型（图 6），并详细描述了其基本组成和通信机制原理，该模型对新型装备保障系统的建立提供了重要的参考思路。

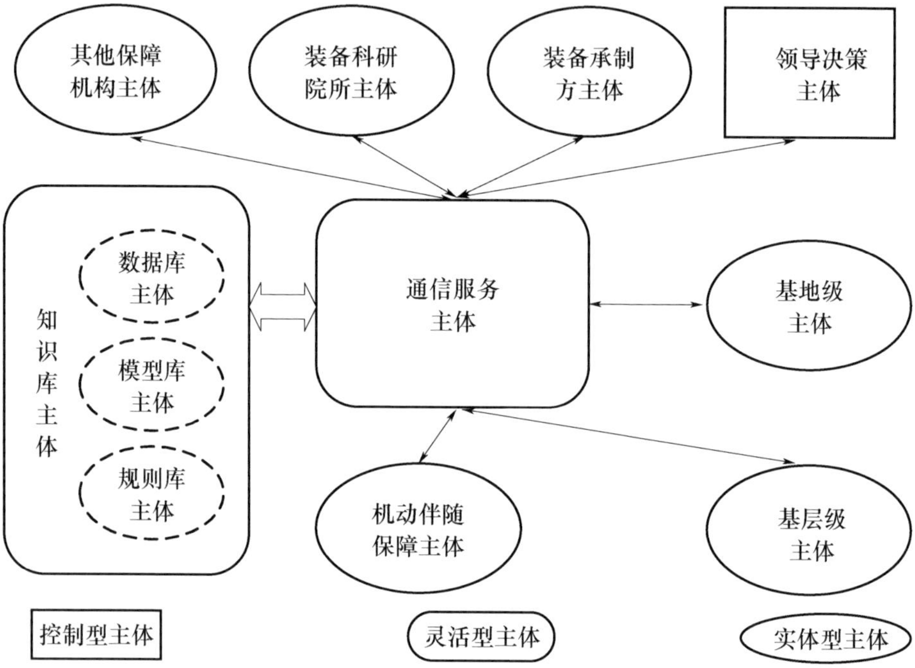

图 6　多 Agent 综合保障信息系统结构模型

四、展望

从收集的文献来看，对 MAS 在军事仿真领域的应用都非常重视，并取得了比较大的成果，同时成功开发出了部分仿真平台。但在深入分析后发现，对 MAS 的研究仍存在两方面亟待解决的问题，具体来说就是理论与实践脱节的问题：一种情况是研究只停留在理论层面，关注建立了何种模型，研究成果十分抽象和模糊，对具体的仿真实践起不到具体的指导作用；另一种情况恰恰相反，重视对单一问题的实践而忽视整体的协同。这种情况直接导致的问题就是，不同软件（系统）连不通接不上，严重浪费资源人力。

MAS 具有其他系统无法比拟的优势，未来的研究如果能更好地解决理论和实践脱节的问题，Agent 技术将能够成为一种更实用解决方针问题的工具。

（航天工程大学士官学校　裴国旭　杜晓明　薛昭　潘鑫）

SBA 条件下太空关键基础设施系统弹性分析评估及应用

一、引言

美军为了更加高效、快捷、经济地研制和采购武器装备，提高管理效率，并有效控制项目的压力与风险，于20世纪70年代提出了采办的概念与思想。随着仿真模拟技术的发展，美军又于20世纪90年代进一步提出了基于仿真的武器系统采办的思想，即所谓的SBA（Simulation Based Acquisition）。其核心思想是将信息技术于系统工程技术有机结合，以并行、迭代、柔性的思想指导武器系统开发与采办，并将仿真技术可靠地集成并应用于武器装备才办的各个阶段和项目。通过多年的实践发展，基于仿真的采办已越来越多地被业界认可，并在降低武器装备采办的周期、降低武器装备采办资源消耗、提高装备质量等方面发挥了巨大作用。

近些年，兰德公司为支撑美国国防部在武器装备能力评估与发展决策论证等方面的应用需求，借鉴了SBA的采办思想和金融领域组合投资的理论，将武器装备发展的不同作战能力、建设费用和风险等因素综合考量，形成了一套组合分析方法和工具（Portfolio Analysis Method and Tool）。该工具主要面向武器装备发展的宏观决策，实现发展方案的柔性、自适应性和鲁棒性。其基本方法是根据多项定量和定性准则，综合比较多种可选项和不同组合方式，形成整体上的、自顶向下分析评估结果。这种战略组合分析方法经过几十年的发展，取得了丰硕的成果，并已经应用于弹道导弹防御、全球打击等不同分析层次。

2014 年，美国提出了国家太空战略，要着力强化太空关键基础设施抗毁伤、抗削弱和抗破坏能力，切实提高其基本功能快速恢复能力（即太空关键基础设施系统弹性）。考虑到经费因素限制，美国空军委托兰德公司开发一套经济有效的弹性评估方法，以研究如何提高其太空设施快速恢复能力。研究人员使用组合分析方法，并借鉴了波音、洛克希德·马丁等多家公司针对弹性度量的研究成果，开发了一套用来评估分析影响太空关键基础设施弹性的几种非物质因素及其投入成本的工具 RAPAPORT（Resilience Assessment Process and Portfolio Option Reporting Tool）。该工具不仅可以评估太空设施的弹性，也可以用于分析评估其他体系弹性。

二、弹性度量的几种方法

在兰德公司研究太空关键基础设施系统弹性之前，有多家公司对此进行过深入研究，下面对几家有代表性的研究成果作简要介绍。

（一）波音公司

在 2013 年的一份报告中，波音公司根据系统或某一系统结构在面对一系列威胁情况下，能力保留的大小为弹性做了定义。其分析内容涉及 4 个方面，即规避能力、鲁棒性、重建能力和恢复能力（Avoidance，Robustness，Reconstitution，and Recovery）。对于单一威胁，用0和1之间的数值来表示上述4个特性（R_{AV}，R_{RO}，R_{RC}，R_{RV}），得出了在发生单一威胁事件时体系的弹性值 $R=1-(1-R_{AV})(1-R_{RO})(1-R_{RC})(1-R_{RV})$。若把这些数据作为独立事件的概率，则弹性值的大小就是体系能够规避和抵抗威胁，并且恢复和重建功能的概率。

在多个威胁存在的情况下，波音公司的方法得到的系统弹性值是1减去所有的系统能力损失概率，这可能会导致总弹性值为负，并且不能得到是哪种威胁造成的系统能力下降或者哪种威胁影响最大。因此，很难得到有价值的分析结果。

（二）诺斯罗普·格鲁曼公司

在2013年美国空军太空司令部的报告中，诺斯罗普·格鲁曼公司对波音和其他公司采用主观定义的指标分析规避性、鲁棒性、重建和恢复性等方面，进而评估系统弹性大小的分析方法表示了质疑。诺斯罗普·格鲁曼公司的理由是，这样的计算过程不直观，并且难以核实，以致结果具有很强的主观性，并不能向研究人员提供科学可信的信息。该公司声称已经开发了一个客观、直接的分析方法，既可以进行应对威胁的成本分析，还可以给出系统的薄弱环节，以及找到导致系统能力丧失的威胁。诺斯罗普·格鲁曼公司定义的系统弹性值，是由威胁给系统带来的损失成本与系统自身成本的比值表示。虽然成本的概念非常直观，并且容易被各方理解，但这个分析过程主要取决于敌人的行动，却忽略了其他影响系统弹性的因素，如系统抵御或从一个不利的事件中迅速恢复的能力，即使它只是暂时失效。

（三）洛克希德·马丁和KTSi公司

在NDIA的会议纪要中，洛克希德·马丁和KTSi公司使用了标准的基于威胁的弹性评估方法，即分析威胁的发生概率和造成的后果，以及系统抵抗威胁的能力。其研究成果中最有价值的部分就是基于美国国防部与空军等部门提出的评估框架制定的一系列衡量系统弹性的指标。

洛克希德·马丁提出的指标如下：

（1）价值度量（MoM）：

· 抵抗危害和威胁保持功能的能力。

（2）系统效能指标（MoE）：

· 保持运行状态的能力；

· 保持功能阈值的能力；

· 减小威胁危害的能力；

· 系统功能恢复的能力。

（3）系统性能指标（MoP）：

· 功能保留或丢失的大小；

· 缓解措施的有效性；

· 其他替代措施的效能；

· 恢复时间；

· 重建时间。

此外，洛克希德·马丁公司规定了一个四级标准（无、低、中、高能力），并用颜色表示弹性各方面的能力高低以及发生威胁后功能损失大小。

（四）美国航空航天局

在一份 2013 年的报告中，美国航空航天局提出一种新的评估弹性的方法，该方法同时考虑系统在遭受威胁时能力损失的大小，以及系统能力丧失的持续时间。图 1 即表示在一系列威胁事件（即图中所指的“作战”，也可以表示其他威胁）发生后，以时间为自变量的能力损失情况。图中灰色阴影部分表示系统能力低于任务所需的能力标准的持续总时间。图中还强调了系统弹性的各个方面，包括规避（能力没有损失是因为威胁 1 被规避了）、鲁棒性（系统被威胁 2 破坏了，但能力只有轻微下降），重建（从能力受损到恢复至任务所需基本能力的时间），恢复（恢复到完整能力的时间）。此外，能力损失函数的形状非常重要；低于任务所需基本能力的函数形状有几种，它们表征了系统能力损失和恢复的可能模式，如能力突然下降和恢复，或能力突然损失、逐步恢复等。虚线描述了另一次体系弹性实验中，经历 n 个事件引发的体系能力不可逆变化，即系统能力脆弱性的概念。

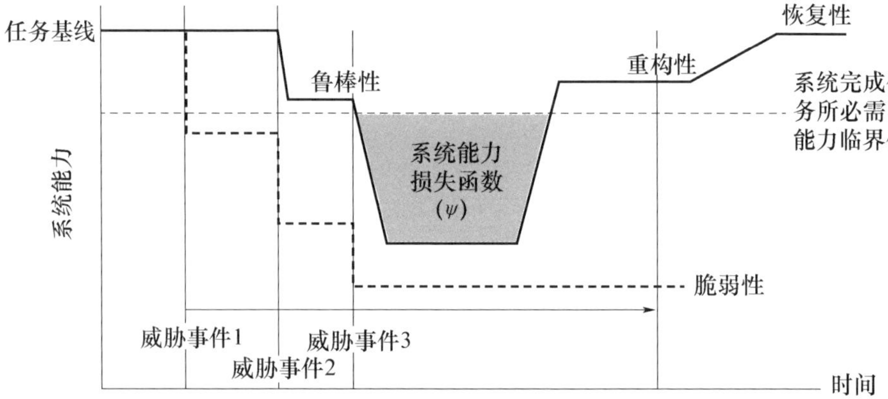

图 1　系统能力损失函数

（五）MITRE

MITRE 在美国航空航天局提出的系统能力损失函数基础上，将威胁事件的概率作为第三维度，分别以时间、概率和能力为坐标轴，构建了三维的体系能力空间体积（图 2），用系统能力曲面下的体积来计算系统弹性。图 2 中，绿色代表能力充足，黄色代表能力受损但高于执行任务最低限度，红色代表系统能力达不到执行任务最低限度。图 2 中想定 1 中的威胁事件使系统能力下降到了临界值以下，但是最终恢复到正常水平；想定2中，能力有所下降，但始终未低于执行任务最低限度；想定3中，威胁事件并未造成体系能力下降，因为系统有效规避了威胁事件。

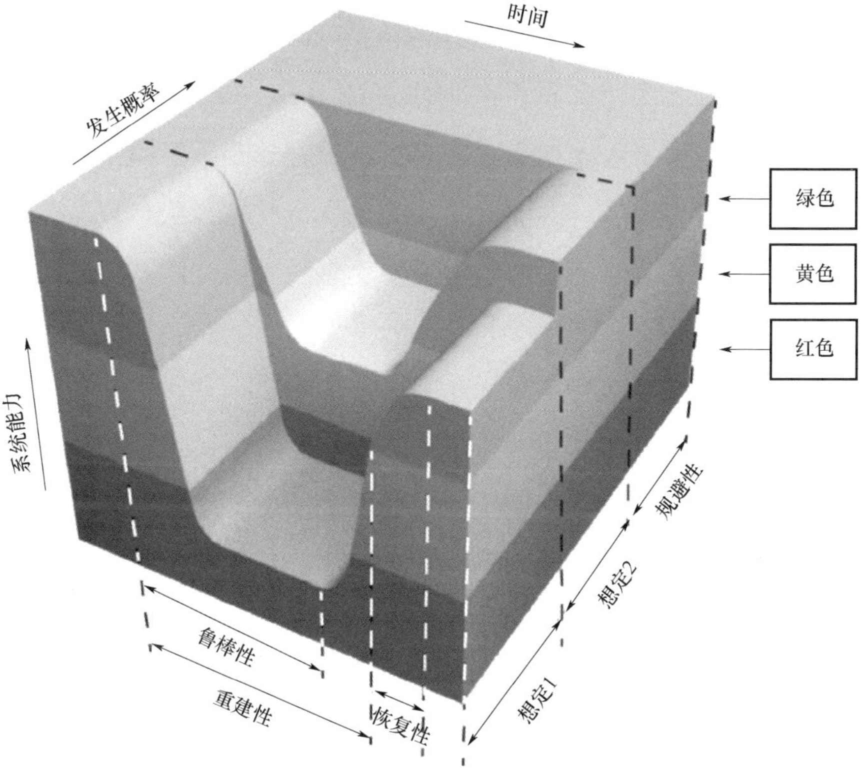

图2　基于威胁事件概率加权的弹性体系

实际的系统能力建模可能很难，因此需要提出更加简单的曲线建模方法，如仅使用二进制数0或者1描述体系能力是否处于执行任务最低限度。

为分析弹性指标的质量，MITRE的研究提出了一系列问题以形成一个问题解决框架，并用所需能力的可达期望值来计算体系的弹性：

$$R = \sum_{i=1}^{n} \left(P_i \frac{1}{T} \int_{t=0}^{T} Cr_i(t)\,\mathrm{d}t \right)$$

假设威胁事件为从 1 ~ n 的集合，P_i 是威胁事件 i 发生的概率，Cr_i（t）是体系能力函数，如果系统在 t 时刻时，系统能力在要求之上则为 1，否则为 0。如果一个威胁事件是完全可以避免的或系统能力足够强，使之不低于所要求的性能水平，那么，对任意时刻 t，Cr_i（t）=1。该方法的优点是非常直观，而且如果已知威胁事件的概率，可以很容易计算出系统在面对威胁时是否以及何时丧失基本能力，缺点是实际应用中威胁事件发生的概率往往难以估计。一般地，有两种计算威胁事件概率的方法：①列出一组威胁事件（或威胁事件的集合），P_i 的和确定为 1，也就是说，这组威胁事件包含所有的可能性。但是，任何分析不可能考虑到所有的可能性。②假设其中的威胁事件的发生概率。相较而言，后一方法相对合理一些，否则会导致一个罕见，但毁灭性的事件在计算时对体系弹性造成很小的影响，因为该系统大部分时间性能完好。值得注意的是，系统的弹性是在一定环境和时期内被评估出来的，但要准确连续地估算出这些概率也并非易事。

三、DOTMPLF – P 评估方法

以上提到了一些公司研究的几种评估弹性的方法。现以 MITRE 提出的方法为基础，重点介绍影响系统能力弹性的因素 DOTMLPF – P① 中一些非物质方面的计算方法。

MITRE 利用统计的方法，将系统在遭受破坏后随时间推移恢复正常的能力作为评估尺度，来分析面对不同威胁事件时系统能力变化情况以及该

① DOTMLPF – P：doctrine，organization，training，materiel，leadership and education，personnel，facilities，and policy。

威胁对所研究系统的影响效果。为方便研究，假设每一个 DOTMPLF - P 元素都有特定的度量方法，并可以归纳出每种因素的权重。最后，用一组决策者关心的一个或多个威胁事件作为实验案例，来计算单个 DOTMPLF - P 元素的弹性。

首先介绍一些符号的含义：

（1）4 个主要的研究对象：DOTMLPF 元素、表示各种威胁事件的实验案例、提升系统弹性的手段和投资组合，分别用 e、i、j、k 来表示。

（2）假设有一组实验案例集（每一个都包含一个或多个威胁事件），以评估系统在各方面的能力。对于每一个 DOTMLPF 元素，n 个实验分别用 TC_1、K、TC_n 表示，对于系统性能影响权重分别为 P_1，P_2，…，P_n，影响大小为 I_1，I_2，…，I_n。并且规定权重和影响的大小在 0 ~ 1 之间。同时，每一个 DOTMLPF 元素在实验案例中的权重都是相等的。在 MITRE 公司的系统弹性计算方法中，一定时间内威胁事件的影响大小为 $I_i = 1 - \frac{1}{T}\int_{t=0}^{T} Cr(t)\,\mathrm{d}t$，其中 $Cr(t)$ 为系统能力大小。例如，对于设施元素（Facilities），计算方法为设施能维持最低限度能力的时间比例。如果一个实验时间为一天，发生了威胁事件（如停电）后，导致设施停止工作 1 小时，则此事件的影响为 1/24。需要注意的是，在表示体系能力损失大小的度量标准中可能没有时间因素。

（3）实验中系统对威胁事件会有基线弹性能力。我们把在实验事件 TC_i 中体系自身能够从威胁事件影响中恢复的值用 $W_{i,0}$ 表示，数值在 0 ~ 1 之间，1 表示系统能力在威胁事件中没有损失。回到刚才举的例子中，如果设施有备用发电机，需要 6 分钟启动，则 $W_{i,0} = 0.9$，因为 60 分钟恢复时间变为 54 分钟。这个值应该并且可以反应体系弹性的各方面：规避、鲁棒性、恢复和重建。

（4）在面对威胁事件时，需要采用一些手段来提升系统能力弹性的基线值。这些提升手段用符号 O_1，O_2，…，O_n 表示，每项提升手段需要的成本为$C_1 \cdots C_n$，用$W_{i,j}$表示手段O_j在威胁事件实验E_i中能够恢复的系统能力的大小。同时，这个数值的大小应该能够反映系统能力弹性的各方面。当应用此手段时，分析者能够确定系统能力损失函数的形状，并且整合出系统能力大小关于时间的变化曲线。系统能力恢复的大小为在基线上的系统能力恢复的大小。如图 3 所示，曲线 3 表示在威胁事件 i 发生时体系的基线弹性：它在 $1/T$ 时完全丧失了自身能力，因此$W_{i,0}=0.5$。曲线 2 表示手段j_1为体系提升了 1/3 的鲁棒性，避免了完全丧失能力，因此$W_{i,j_1}=1/3$。需要注意到是，曲线2 的弹性值并不是曲线下方的积分，而是损失的能力中得到恢复的那部分。最后，曲线 1 表示选项j_2完全避免了威胁，系统能力没有损失，则$W_{i,j_2}=1$。

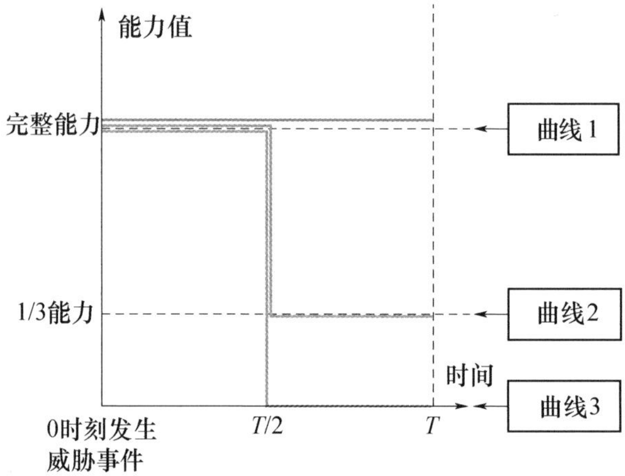

图 3　基线和应用提升升段后的弹性

（5）假设一些提升手段 OP_1，OP_2，…，OP_s，每一个手段 OP_k 都是由 m 个元素（$OP_{k,1}$，$OP_{k,2}$，…，$OP_{k,m}$）构成，如果该手段为投资组合 k 中的一部分，则值为 1，否则为 0。投资组合 k 的成本 $OPC_k = \sum_{j=1}^{m} OP_{k,j} C_j$。$OP_0$ 表示投资组合没有应用提升手段，即只考虑体系自身恢复能力。

用 R_a（OP_k）表示为 DOTMLPF 中单个元素 e 添加投资组合 k 后的体系弹性。则体系基线投资组合 OP_0 为 $R_e(OP_0) = \dfrac{\sum_{i=1}^{n} P_i(1 - I_i(1 - W_{i,0}))}{\sum_{i=1}^{n} P_i}$。

对于大多数组合来说，每个提升手段之间都有相互影响。因此，我们区分两种情况：第一种为最乐观的情况，即每个提升手段对体系弹性都有影响；另一种情况为最悲观情况，我们取单个手段中影响最大的来计算，并分别用 R_e^{opt} 和 R_e^{pes} 来表示，即

$$R_e^{opt}(OP_k) = \frac{\sum_{i=1}^{n} P_i(1 - I_i(1 - W_{i,0}) \prod_{j=1}^{m}(1 - W_{i,j}P_{k,j})}{\sum_{i=1}^{n} P_i}$$

$$R_e^{pes}(OP_k) = \frac{\sum_{i=1}^{n} P_i(1 - I_i(1 - W_{i,0})(1 - \max_{1\leq j\leq n} W_{i,j}R_{k,j}))}{\sum_{i=1}^{n} P_i}$$

四、应用案例

兰德公司为验证方法的有效性，以太空关键基础设施在遭受动能反卫星武器攻击、上行链路干扰和激光致盲或干扰时为例，研究系统的弹性。为简化分析过程，假设各种威胁及其影响的权重值均为 1，即 $W_i = 1$，$i = 1$，2，3。案例中考虑的提升手段及其对各弹性元素的影响如表 1 所列。

表 1　案例考虑的选项

DOTMLPF 元素	描述
Doctrine	为应对可能的威胁发展先进的战术
Doctrine	建立更及时有效的异常事件反应流程
Organization	将空间指挥权从国家空天情报中心转移给联合空间作战中心情报侦察监视部门
Organization	给联合空间作战中心情报侦察监视部门赋予提供威胁顾问和通告预警的职能
Organization	发展通用操作系统
Organization	通过依靠盟友、利用商业卫星等方式，增加可用基站数量
Organization	基于作战需要修改完善信息处理流程
Training	更新训练内容以应对敌人反空间作战行动
Training	在现有演习训练中加入空间项目训练
Training	为应对敌人新的反空间作战手段，组织新的专门训练
Training	确保情报部门基层人员接受空间相关理论基础训练
Training	进行岗位的交叉培训
Personnel	选调部分了解相关太空能力知识的政府文职人员
Personnel	确保职务晋升与个人专业技术水平同步
Personnel	确保执行战略任务的机动单元可用
Personnel	使用更多的政府文职人员或者延长军人服役期，提高人员的经验水平和技术能力
Facilities	确保执行战略任务的机动单元可用

现有系统针对这三个威胁的基线弹性及相应的应对措施是相关专家提出的。用6级标准来表示基线弹性能力的大小和改进方法措施的有效性，分别是无、低、中/低、中、中/高、高，并用相应的数值和颜色来表示各个级别，如图4所示。

颜色/数值	白色［N］无（0）	红色/［L］你（0.1）	黄色/［L］低［M］中（0.25）	绿色/［M］中（0.5）	浅蓝色/［M］中［H］高（0.75）	深蓝色/［H］高（1）
基线含义	无法抵抗威胁影响	有很弱抵抗能力	有较弱抵抗能力	有显著的抵抗能力	有很强的抵抗能力	有极强的抵抗能力
选项含义	无额外影响	有很弱的改善	有较弱的改善	有显著的改善	有很强的改善	有极强的改善

图4　基线与手段提升能力大小色卡

图5~图9表示的是案例考虑的系统弹性元素（DOTPF）[①] 针对每种威胁固有抵御能力大小，也就是系统的弹性能力基线。

威胁＼选项	基线	为应对可能的威胁发展先进的战术	建立更及时有效的异常事件反应流程
动能反卫星武器	红色/［L］低（0.1）	白色/［N］无（0）	白色/［N］无（0）
上行链路干扰	浅蓝色/［M］中/［H］高（0.75）	黄色/［L］低/［M］中（0.25）	浅蓝色/［M］/［H］高（0.75）
激光干扰致盲	绿色/［M］中（0.5）	黄色/［L］低/［M］中（0.25）	浅蓝色/［M］中［H］高（0.75）

图5　针对元素 Doctrine 的基线和选项弹性能力值

① material、leadership与policy不在本实验研究范围内，实验中仅考虑doctrine，organization，training，personnel，and facilities（DOTPF）。

威胁＼选项	基线	将空天指挥权从国家空天情报中心转移给联合空间作战中心情报侦察监视部门	给联合空间作战中心情报侦察监视部门赋予威胁顾问和通报预警的职能	开发通用操作系统	通过依靠盟友、利用商业卫星等方式，增加可用基站数量	基于作战需要修改完善信息处理流程
动能反卫星武器	绿色/［M］中（0.5）	红色/［L］低（0.1）	黄色/［L］低/［M］中（0.25）	红色/［L］低（0.1）	黄色/［L］低/［M］中（0.25）	红色/［L］低（0.1）
上行链路干扰	黄色/［L］低［M］中（0.25）	红色［L］低（0.1）	黄色/［L］低/［M］中（0.25）	红色/［L］低（0.1）	红色/［L］低（0.1）	红色/［L］低（0.1）
激光干扰致盲	黄色/［L］低［M］中（0.25）	红色/［L］低（0.1）	黄色/［L］低/［M］中（0.25）	红色/［L］低（0.1）	红色/［L］低（0.1）	红色/［L］低（0.1）

图6　针对元素 Organization 的基线和选项弹性能力值

威胁＼选项	基线	更新训练内容以以应对敌人反太空作战行动	在现有演习训练中加入太空训练项目	为因对敌人新的反太空作战手段，组织新的专项训练	确保情报部门基层人员接受太空相关的理论基础训练	进行岗位的交叉培训
动能反卫星武器	白色/［N］无（0）	黄色/［L］低/［M］中（0.25）	红色/［L］低（0.1）	黄色/［L］低［M］中（0.25）	黄色/［L］低/［M］中（0.25）	红色/［L］低（0.1）
上行链路干扰	黄色/［L］低/［M］中（0.25）	黄色/［L］低/［M］中（0.25）	红色/［L］低（0.1）	黄色/［L］低/［M］中（0.25）	黄色/［L］低/［M］中（0.25）	红色/［L］低（0.1）
激光干扰致盲	黄色/［L］低/［M］中（0.25）	黄色/［L］低/［M］中（0.25）	红色/［L］低（0.1）	黄色/［L］低/［M］中（0.25）	黄色/［L］低/［M］中（0.25）	红色/［L］低（0.1）

图7　针对元素 Training 的基线和选项弹性能力值

威胁＼选项	基线	选调部分了解相关太空能力知识的政府文职人员	确保职务晋升与个人专业技术水平同步	确保执行战略任务的机动单元可用	使用更多的政府文职人员或者延长军人服役期，提高人员的经济水平和技术能力
动能反卫星武器	黄色/［L］低/［M］中（0.25）	黄色/［L］低/［M］中（0.25）	黄色/［L］低/［M］中（0.25）	红色/［L］低（0.1）	红色/［L］低（0.1）
上行链路干扰	黄色/［L］低/［M］中（0.25）	黄色/［L］低/［M］中（0.25）	黄色/［L］低/［M］中（0.25）	红色/［L］低（0.1）	红色/［L］低（0.1）
激光干扰致盲	黄色/［L］低/［M］中（0.25）	黄色/［L］低/［M］中（0.25）	黄色/［L］低/［M］中（0.25）	红色/［L］低（0.1）	红色/［L］低（0.1）

图 8　针对元素 Personnel 的基线和选项弹性能力值

威胁＼选项	基线	确保执行战略任务的机动单元可用
动能反卫星武器	深蓝色/［H］高（1）	白色/［N］无（0）
上行链路干扰	深蓝色/［H］高（1）	白色/［N］无（0）
激光干扰致盲	深蓝色/［H］高（1）	白色/［N］无（0）

图 9　针对元素 Facilities 的基线和选项弹性能力值

以上这些评估可以计算出 DOTPF 每个元素的弹性值。

但是，通常情况下，元素之间是存在相互影响的，如在训练方面的提升同样会提高人员的素质等。因此，采用专家打分法来确定元素之间的相互影响大小。实际上，在每次进行组合分析时，要考虑到所有的选项以及针对每种元素的所有组合。再利用其开发的工具，便可以得到评估结果，分析每项选项对系统功能的影响大小，择优选出发展太空设施的最佳方案。

五、结束语

本文介绍了几种工业中计算太空关键基础设施系统弹性的方法，并由此演化出兰德公司简化后的计算方法。实际上，弹性评估流程不仅适用于太空关键基础设施弹性计算，也同样适用于其他武器装备体系，只要分析人员能够针对未来复杂多变的安全环境，建立 DOTMLPF－P 元素集，找到可能的威胁事件，提出相应的应对措施和措施之间的相互影响，就能得到一个全面、深入的分析支撑，从而保证决策结果的科学性，这对于明确体系对抗条件下的武器装备发展重点和短板弱项具有一定的指导意义。

（国防大学联合作战学院　刘虹麟　杨镜宇　常钟伟）

多范式建模技术国外研究进展

一、绪论

建模与仿真界多年来的研究实践表明，任何一种建模范式（包含方法、形式体系）都只适合于描述建模对象结构或者行为的某一方面。尤其对于复杂系统和体系而言，单一范式无法对多个异质子系统结构和多样化领域行为进行合理抽象和有效实现。目前，复杂系统建模方法主要是基于统一范式集成其他范式的统一法（例如，基于离散事件系统描述规范（Discrete Event System Specification，DEVS）的统一建模与仿真方法）和多范式组合法（代表性的方法有混合异构层次化建模方法和多范式建模方法）。

安特卫普大学的 Hans Vangheluwe 教授和麦吉尔大学的 Pieter Mosterman 教授提出的多范式建模（Multi – Paradigm Modeling，MPM）方法从复杂系统的多异质子系统结构特点和多领域行为特征出发，综合采用多种建模仿真范式对复杂系统的各个方面进行针对性建模，能够有效解决问题域和技术域的错配（Mismatch）问题。

多范式建模从以下三个维度来研究解决复杂系统的多异质子系统或者组件的仿真建模问题。①多层次抽象建模：根据研究对象的特点和问题需求，针对系统的不同组分划分不同的抽象层次，在各个抽象层次（即模型分辨率）选用合适的范式对相应组分进行建模。②多形式体系建模：研究复杂系统模型所使用的多种建模形式体系之间的组合与转换问题。③元建模：研究建模形式体系和领域特定建模语言的形式化描述问题，为基于元模型映射的多形式体系组合和领域特定建模环境提供支撑。

多范式建模在建模仿真、软件工程、系统工程、嵌入式系统等领域得到了深入研究和广泛应用，在学术界具备较大的影响力，形成了规模较大的研究群体。主要的学术活动包括 Hans Vangheluwe 教授等人发起的多范式建模国际研讨会（International Workshop on Multi - Paradigm Modeling），该研讨会一般采用模型驱动工程语言和系统国际会议（International Conference on Model Driven Engineering Languages and Systems）的分会形式举办，目前已经举办了 9 届。此外，2014 年起，欧盟发起了物理网络系统多范式建模项目（Multi - Paradigm Modelling for Cyber - Physical Systems，MPM4CPS），对欧盟的下属 28 个国家和 3 个非欧盟国家的多范式建模合作研究进行资助。该项目目前已经推动了 10 余次研讨会、暑期学期、青年学者论坛等形式的合作研讨，对多范式建模技术的发展起到了重要的推动作用。本文从复杂系统仿真建模的要求出发，对近年来国外的多范式建模技术研究进展进行综述，并在最后分析了该技术的发展趋势。

二、多范式建模技术进展综述

自 2002 年首次提出以来，多范式建模经历了多年的发展，在理论方法、应用领域和软件工具方面都取得了较大的进展。

（一）理论方法方面

多范式建模理论的核心思想是根据建模目标针对建模对象的不同部分选择合适的抽象层次，然后根据抽象层次选择合适的建模范式（主要是形式体系）进行建模，最后采取元建模和模型转换的方法实现多个形式体系模型的组合。多范式理论方法主要解决两个方面的问题：一是如何选择合适的建模范式；二是多个建模范式如何组合。从近年来的研究来看，建模范式可以分为两个层次：一是面向建模仿真技术域的多形式体系组合建模；二是面向问题域的领域特定建模语言的组合。

1. 多形式体系建模

建模与仿真形式体系（简称形式体系）是指具备数学或者逻辑学形式化基础的建模与仿真方法，包含形式化的模型规范和执行算法两个部分。形式体系是在建模与仿真的实践经验总结的基础上进行理论抽象的产物，是对其自身所蕴含的建模范式和仿真世界观（World View）的形式化的具体表现。形式体系是多范式建模的核心要素，多形式体系组合建模是多范式建模的核心研究内容。按照模型开发的抽象层次，多形式体系组合建模可以分为以下 4 种。

（1）模型层次组合。模型组合针对基于不同形式体系的多个模型实例需要进行组合的需求，建立不同的形式体系仿真模型实例之间的组合关系。

（2）元模型层次组合。元模型组合首先构建形式体系语言的元模型，然后建立多个元模型之间的映射和组合关系，最终通过实例化元模型层次的组合关系得到模型实例层次的组合关系。

（3）代码层次组合。代码组合是在各形式体系模型实现为可执行代码之后，通过对各模型的代码进行针对性修改来建立不同形式体系之间的输入、输出关系，从而完成模型实现层次的组合。

（4）仿真数据层次组合。不同形式体系模型的实现代码生成可执行模型，通过仿真中间件建立形式体系仿真器之间的输入、输出关系。

前两种方法属于模型组合设计的范畴，后两种方法属于模型实现层次的组合方法。元模型组合方法与模型组合方法相比，在多形式体系组合建模中能够在元层次支持模型语法规范和行为语义组合，形式化程度高，适用性强，因此基于元模型的组合建模是多形式体系建模的主流方向。当前代表性的元模型组合建模方法主要有以下三种。

（1）基于知识交换代理（Knowledge Interchange Broker，KIB）的多形式体系组合建模。基于 KIB 的方法通过构建一个 KIB 形式体系，对 DEVS 与其他形式体系在元模型层次的组合关系进行形式化规范，在具体的仿真建模中首先建立 DEVS 和形式体系之间的元素映射关系，在此基础上对组合关系进行实例化得到一个交互模型。KIB 一般分为两个部分：一是静态行为组合（又称为结构组合）对两个形式体系之间的交互接口和数据格式进行描述和规范；二是动态行为组合对动态交互过程进行控制，包括对交互的同步、并发、时段特性进行规范，并建立两种形式体系仿真器之间的协调机制。

（2）基于 Actor 的多计算模型组合建模方法。加州大学伯克利分校的 Lee 教授领导的研究团队针对嵌入式领域的混合复杂系统建模问题开发了 Ptolemy 工具，实现了基于 Actor 的多计算模型组合建模方法。该方法首先对混合复杂系统进行层次化分解，然后基于 Actor 的建模方法采用不同计算模型对不同的系统组件进行建模，并通过接口自动机对各计算模型进行组合。

（3）基于元模型映射的多语义单元组合方法。范德比尔特大学的软件集成系统研究所针对软件多视图建模的需要提出了多语义单元组合方法。

语义单元其实质是针对某一特定问题域所需的形式体系集合中的某一形式体系，一般来说是指比较经典的、成熟的形式体系。该方法以抽象状态机语言（Abstract State Machine Language，ASML）为元建模语言，建立语义单元的元模型，并对元模型之间的结构耦合和交互映射关系进行规范，从而在 ASML 的基础上完成语义单元的组合。

2. 领域特定组合建模

将建模抽象层次由技术域的形式体系层次提升到问题域的领域特定建模语言（Domain Specific Modeling Language，DSML）层次，是多范式建模近年来理论方法的重大进展之一。实现领域特定组合建模是多范式建模的研究热点。对 DSML 组合的研究可以分为两个维度：一是从语言产品上分为模型组合和 DSML 组合（如果存在元模型则为元模型层次的组合）；二是语言组成上分为基于语义的组合和基于语法的组合。根据这两个维度可以将相关研究分为以下 4 类。

（1）基于语法的模型组合，软件系统可以从多个视角（方面、关注点）进行建模。这些模型需要集成起来以完成对系统的整体建模。代表性的研究有 Hessellund 提出的组合不同视角模型的协调器方法。

（2）基于语法的语言组合。该方法主要基于 DSML 元模型进行，如 Vallecillo 提出了该方法的三种主要实现途径：元模型扩展、元模型融合和语言嵌入。

（3）基于语义的模型组合，Lochmann 提出了在多个 DSML 底层建立公共本体的方法来支持基于语义的模型组合。

（4）基于语义的语言组合。Porter 等人设计的建模工具能够将语义单元组合起来以构建新的 DSML。

随着语言工程技术发展，综合采用以上 4 类方法进行 DSML 组合的研究越来越多，如 Meyers 通过对语言的模块化定义和组合机制设计实现 DSML 组合。需要指出的是，DSML 的语义组合实现一般都是以形式体系为基本语义单元，采用语言工程技术进行多个形式体系的组合，形成新的混合形式体系，从而支撑 DSML 的语义锚定。

（二）应用领域方面

近年来，多范式建模的一个重要进展就是将网络物理系统这类复杂系统作为重要的应用领域，前文所提到的 MPM4CPS 就是主要针对该领域推进多范式建模而设置的。该项目的主要目标包括以下几个方面：制定 CPS 评估和特征化的研究纲领；制定软件工程师和系统工程师联合研究的最佳措施；根据各国研究进展结果提出研究假设；根据典型应用领域提出基准实验集合；针对不同模型、建模语言和仿真校核工具的组合问题进行 MPM 研究和应用，并判断其在工业界的适用性；根据系统工程师和软件工程师的跨学科研究需求和建议设置课程材料；研究成果分发与共享。该项目目前取得了以下几个方面的进展：正在建立 CPS 的公共本体；正聚焦于多范式协同仿真的过程和工具；收集了工业界的一系列标准实践并定义了目标应用领域；建立了 MPM 和 CPS 的专门网站并正在准备教学内容。

此外，多范式建模还在物理—社会复杂系统/体系领域中得到了初步的应用，例如，有关文献提出了将物理—社会多范式建模分为物理、社会、物理—社会交互三个视图，采用离散时间仿真、Agent 仿真和系统动力学等形式体系进行建模仿真的方法。

（三）软件工具方面

在原有多范式建模工具 AToM3 的基础上，Hans Vangluwe 教授领导的研究团队近年来研制了两款多范式建模的支撑工具：AToMPM 和 ModelVerse。AToMPM 是一个基于互联网的开源工具，主要用于领域特定建模图形化环境的设计、模型转换、模型的操作和管理等功能。该工具环境完全基于网络，对操作系统、平台和硬件设备没有特殊要求，从而支持跨平台的协作建模。

Hans Vangluwe 教授团队认为，多范式建模工具应根据形式体系转换图和过程模型的要求，实现三个方面的功能：一是语言工程，允许用户可以创建和实例化新的语言，这些语言是面向特定问题领域定制的 DSML；二是模型操作，支持用户定义模型的语义并执行模型；三是过程建模，使得用户能够对过程中的控制和数据流进行建模。而 AToMPM 主要是针对第一个方面的功能要求，因此该团队开发了 ModelVerse 工具，采用元建模等技术支撑语言工程，采用模型转换支撑语义实现等模型操作，采用过程模型规则支持过程建模。

三、发展趋势

从最新研究进展来看，多范式建模技术有以下几方面发展趋势：

（1）从建模对象上来看，由紧耦合的多组分复杂系统扩展到松耦合的多领域复杂系统和体系。目前的多范式技术已经初步探讨了物理—网络、物理—社会的跨域组合建模问题。随着体系建模仿真问题的日益突出，针对物理域、信息域、认知域和社会域等多个领域进行多范式组合建模会成为研究热点和难点。基于架构和模型框架的组合建模技术将成为该方向的重要支撑技术，并且 Agent 范式等适用于认知域、社会域的新范式将成为多范式建模的重要研究方向。

（2）从建模抽象层次上来看，多范式建模正由技术域的形式体系层次提升到问题域的领域特定建模语言层次。建模抽象层次的提高是建模技术能够得到广泛应用的必要条件。从理论方法和支撑工具的研究进展来看，DSML 已经成为多范式建模的主流语言，形式体系主要用于 DSML 的语法设计和语义实现基础。

（3）从建模技术途径上来看，多范式建模技术不断吸收多学科交叉研究成果以丰富自身技术体系。多范式建模技术应用于多个学科领域，同时也不断吸收语言工程、知识工程、建模仿真、软件工程、系统工程的最新成果。例如，利用语言工程的本体建模技术实现多个 DSML 的语义可组合，利用软件工程的模型集成计算技术和元编程技术实现建模环境的自动化开发，利用系统工程的 MBSE 思想进行多抽象层次异质模型的管理等。

（国防科技大学系统工程学院　李小波　朱一凡　雷永林　王涛　王维平）

数字孪生技术及其应用前景展望

“数字孪生”（Digital Twin）的概念最早出现于2003年，由格里夫斯教授在美国密歇根大学的产品生命周期管理课程上首先提出，并于2014年在其所撰写的《数字孪生：通过虚拟工厂镜像实现制造卓越》白皮书中进行了详细的阐述。近年来，数字孪生逐渐成为复杂系统建模与仿真的重要发展方向，受到世界各国的高度重视。据IDC预测，2017年世界上将有40%的大型制造商都会应用虚拟仿真技术来为其生产过程进行建模。中、美、德、法、日、韩等各国近年来纷纷在智能制造领域加大投入，数字孪生技术是其中的关键性使能技术，未来将迎来加速发展。

数字孪生技术可以简单定义为：针对物理实体建立相对应的虚拟模型，并模拟物理实体在真实环境下的行为。它充分利用物理模型、传感器更新、运行历史等数据，集成多学科、多物理量、多尺度、多概率的仿真过程，在虚拟空间中完成映射，从而反映相对应的实体装备的全生命周期过程。数字孪生要实现在数字虚体空间中构建的虚拟事物，与物理实体空间中的实体事物在形态和举止上建立相像的虚实精确映射关系，这对建模与仿真提出了更高的要求。

使用数字孪生技术可应对不断提高的产品复杂性，同时不断扩展设计空间，这些优势推动了更多的新用户使用仿真技术，从而建立研发产品之间联系。例如，产品研发团队可将数字孪生提供的信息直接运用到当前的产品研发工作中，这有望大幅加速新产品的创新和推出过程。可以说，我们正迎来全新的仿真时代，数字孪生将带领我们超越仿真驱动产品研发的范畴，逐渐扩展到仿真驱动的工程领域。

一、数字孪生的成功案例

数字孪生最早用于解决美国航天飞行器的健康维护问题，从 2013 年开始被美国国防部及工业界接受并广泛引入。2013 年，美国空军在“全球地平线”顶层战略规划中，将数字孪生视为“改变游戏规则”的颠覆性技术，从 2014 财年起组织洛克希德·马丁、波音、诺斯罗普·格鲁曼、通用电气、普惠等公司开展了一系列应用研究项目，并已陆续取得成果。美国空军实验室结构科学中心与通用电气和诺斯罗普·格鲁曼公司签订了价值 2000 万美元的商业合同开展基于数字孪生的飞机结构寿命预测，实现对制造性、检测性和保障性的评价与优化，支撑航空航天装备生产、使用和保障。

F－35 生产线是数字孪生另一项重要应用。诺斯罗普·格鲁曼公司在 F－35机身生产中通过数字孪生改进了多个工艺流程，使 F－35 进气道加工缺陷的决策时间缩短了 33%，该项目获得了 2016 年度美国国防制造技术奖。洛克希德·马丁公司将数字孪生技术作为降低 F－35 生产成本的利器。目前每架 F－35 的造价约为 9460 万美元，洛克希德·马丁公司因此饱受 F－35成本超支的批评，为了将 F－35 造价在 2020 年前降低到 8500 万美元或更低，洛克希德·马丁公司在沃斯堡工厂部署了 Ubisense 集团“智能空间”工业物联网解决方案，通过建立现实生产环境的数字孪生模型，将现实世界中的活动与制造执行和规划系统相连接，从而实现生产过程的全面优化和成本的有效控制。

美国空军与波音合作构建了 F-15C 机体数字孪生模型，综合利用集成计算材料工程等先进手段，实现了多尺度仿真和结构完整性诊断；配合先进建模仿真工具，实现了残余应力、结构几何、载荷与边界条件、有限元分析网络尺寸以及材料微结构不确定性的管理与预测。此外，欧洲空客集团也在多个装配厂和飞机型号项目上利用了数字孪生技术，建模并实时监测数万平米空间和数千个对象，通过模型预测瓶颈、优化运行绩效。

2016 年德国汉诺威工业博览会上，西门子首席执行官送给奥巴马一副卡拉威高尔夫球杆，它在设计阶段应用了数字孪生技术进行仿真和测试，使球杆的上市周期从 2~3 年缩短为 10~16 个月；同时，球杆可以根据顾客的体重、挥杆姿势和力量等所有相关因素量身定制，造价却与普通的球杆没有区别。在西门子数字化解决方案的帮助下，意大利豪车品牌玛莎拉蒂生产出了全新一代的 Ghibli 跑车。通过对数字孪生模型进行设计和测试，玛莎拉蒂缩短了 30% 的新款车型设计开发时间，将跑车上市的时间缩短 16 个月，而采用了西门子制造执行系统后，Ghibli 跑车的产量提升了 3 倍，却又保持了不变的品质。

数字孪生已经超越了制造领域向更广阔的应用空间扩展。应用数字孪生技术构建的城市虚拟映像叠加在城市物理空间上，将极大地改变城市面貌，重塑城市基础设施，形成虚实结合、孪生互动的城市发展新形态。通过构建城市物理世界及网络虚拟空间一一对应、相互映射、协同交互的复杂系统，在网络空间再造一个与之匹配、对应的孪生城市，实现城市全要素数字化和虚拟化、城市状态实时化和可视化、城市管理决策协同化和智能化，形成物理维度上的实体世界和信息维度上的虚拟世界同生共存、虚实交融的城市发展新格局。数字孪生城市具有精准映射、虚实交互、软件定义、智能干预等特征，既可以作为实体城市在虚拟空间的映射状态，也可以作为支撑新型智慧城市建设的复杂综合技术体系，支撑并推进城市规划、建设、服务，确保城市安全、有序运行。

二、仿真行业积极拥抱数字孪生技术

近年来，数字孪生作为沟通虚拟世界和物理世界的有效方法，逐渐成为各大软件厂商追逐的目标。在仿真领域，ANSYS、Altair、西门子等领先企业已经将数字孪生作为各自下一步发展的战略目标。

（一）ANSYS 携手通用电气公司打造数字孪生技术支撑平台

2016 年 11 月 16 日，仿真软件公司 ANSYS 宣布与通用电气公司合作，共同打造基于模型的数字孪生技术。通过此次合作，ANSYS 可以与通用电气公司数字部门、全球研究部门和产业部门携手扩展并整合 ANSYS 的物理工程仿真、嵌入式软件研发平台与通用电气公司的 Predix 平台，实现在多种不同产业领域发挥数字孪生解决方案的作用。ANSYS 和通用电气公司将数字孪生解决方案从边缘扩展到云端，不仅可加速实现 ANSYS 仿真价值，推动 Predix 平台的应用，而且还能为探索突破性商业模型和商业关系创造新的机遇。

ANSYS 与通用电气公司的合作，表明仿真技术不再仅仅作为设计更出色产品和降低物理测试成本的利器，通过打造数字孪生平台，仿真技术可以应用于各个运营领域，甚至涵盖产品的健康管理、远程诊断、智能维护、共享服务等应用。例如，通过日益智能化的工业设备所提供的丰富传感器数据与仿真技术强大的预测性功能双剑合璧，帮助企业分析特定的工作条件并预测故障点，从而在生产和维护优化方面节约成本。

（二）Altair 通过收购和组建联盟实现数字孪生战略

仿真技术的领导厂商 Altair 于 2017 年 5 月至 6 月分别完成了电子设计自动化软件供应商 MODELiiS 和物联网技术公司 Carriots S. L 两家公司的收购。同时，Altair 合作联盟在过去两年新增了 20 多家合作伙伴，目前已有超过 55 家公司的 100 多个应用软件加入联盟，供符合条件的 Altair 用户免费使用。未来，Altair 将融合更多合作伙伴的技术并与 Carriots 平台相结合，成为物联网领域技术领先者，支持数字孪生战略及其应用。

Altair 首席运营官 Brett Chouinard 先生表示："由于 Altair 在虚拟仿真技术方面有领先优势，使得 Altair 在数字孪生领域可以扮演一个非常重要的角色。可以说，多物理特性 + 系统工程的管理（就是系统模型的建立）+ 物联网平台 Carriots，叠加起来使产品具有不一样的特性，从某种程度上讲，这完全能满足工程师对数字孪生技术的需求。"

（三）西门子收购 CD - adapco，创建高精度的数字孪生模型

2016 年，西门子收购了全球工程仿真软件供应商 CD - adapco 公司。CD - adapco 公司的仿真解决方案涵盖流体力学、固体力学、热传递、颗粒动力学、进料流、电化学、声学以及流变学等广泛的工程学科。西门子数字化工厂集团首席执行官认为："通过将计算流体力学等先进工程仿真工具加入我们的产品组合，同时引进该领域的资深专家加入团队，我们将大幅提升西门子在基于模型仿真领域的核心能力。正是基于该能力，我们可以为客户产品创建高度精确的数字孪生模型。"

CD - adapco 软件，加上西门子自有的多学科仿真产品 Simcenter，可以将仿真和物理测试、智能报告、数据分析技术相结合，更好地帮助客户创建数字孪生平台，更准确地预测产品开发过程中各阶段的产品性能。西门子完整的仿真软件和测试解决方案组合，不仅为西门子的数字化战略和系统驱动的产品开发提供支持，而且还能推进产品开发各阶段的创新，为其数字孪生战略的实现打下坚实的基础。

三、数字孪生技术的典型应用前景

数字孪生技术基于物理实体和虚拟模型两大核心要素，在应用过程中能够持续积累产品设计、制造、测试、评估等全生命周期过程的相关数据和知识，并可以不断实现重用和改进。数字孪生模型通过动态感知、存储和呈现产品全生命周期的模型信息，可以实现产品模型数据的管理、追踪和一致性维护，实现产品模型在全生命周期过程中的可视化和透明化。

数字孪生技术在产品全生命周期中主要应用前景如下。

（一）数字孪生应用于产品研发

众所周知，大部分的产品研发成本都锁定在概念设计阶段，使得早期快速迭代变得非常关键。通过执行快速的“假设”分析，用户可在研发过程早期了解产品特性，避免在不切实际的设计上浪费时间，并且防止在验证阶段重新进行设计。借助数字孪生技术，能帮助用户以更少的成本和更快的速度将创新技术推向市场。运用数字孪生技术，用户能够利用结构、热学、电磁、流体和控制等仿真软件进行单独的物理场和耦合的多物理场研究，从而实现设计产品的优化、确认和验证设计，以满足相关的需求。同时，用户可以构建精确的综合仿真模型来了解实际的产品性能并持续创新，这些功能是传统设计方法所无法企及的。需要指出的是，传统的研发模式专注于产品生命周期与流程，实际运行数据的反馈很少甚至没有。而数字孪生关注的是从需求到制造的当前模型，可以反馈现实世界产品实际的质量、性能、使用的数据，以及 BOM 维护情况，甚至用户、环境以及其他系统的影响都可得到有效反馈。此外，数字孪生技术还可以持续累积产品设计和制造相关知识，帮助研发人员不断实现重用和改进。

（二）数字孪生应用于工艺规划

随着产品制造过程越来越复杂，制造中所发生的一切需要进行完善的规划。而一般的过程规划是设计人员和制造人员基于不同的系统独立工作。设计人员将产品创意提交给制造部门，由其去思考如何制造。这样容易导致产品信息流失，使得制造人员很难看到实际状况，增加出错的概率。一旦设计发生变更，制造过程很难实现同步更新。应用数字孪生技术，对所需要制造的产品，以及制造的方式、资源和地点等各方面都可以进行系统的规划，将各方面关联起来，实现设计人员和制造人员的协同。一旦发生设计变更，可以在数字孪生模型中方便地更新制造过程，包括更新面向制造的物料清单，创建新的工序，为工序分配新的操作人员，在此基础上进一步将完成各项任务所需的时间以及所有不同的工序整合在一起，进行分析和规划，直到产生满意制造过程方案。除了过程规划之外，生产布局也是智能制造系统需要解决的重要问题。一般的生产布局图是用来设置生产设备和生产系统的二维原理图和纸质平面图，设计这些布局图往往需要大量的时间精力。竞争日益激烈，企业需要不断向产品中加入更好的功能，以更快的速度向市场推出更多的产品，这意味着制造系统需要持续扩展和更新。但静态的二维布局图由于缺乏智能关联性，修改又会耗费大量时间，制造人员难以获得有关生产环境的最新信息，以便制定明确的决策和及时采取行动。借助数字孪生模型可以设计出包含所有细节信息的生产布局，包括机械、自动化设备、工具、资源甚至是操作人员等各种详细信息，并将之与产品设计进行无缝关联。

（三）数字孪生应用于精益制造

产品制造环节的流程越来越复杂，难免出现各种问题并影响到产出，有时很难迅速找出问题所在。最简单的方法是在制造系统中尝试一种全新的制造策略，但是面对众多不同的材料和设备选择，清楚地知道哪些选择将带来最佳效果又是一个难题。应用数字孪生技术，可以对不同的制造策略进行仿真和评估，结合大数据分析和统计学技术，快速找出有空档时间的工序。调整策略后再模拟仿真整个制造系统的绩效，进一步优化实现所有资源利用率的最大化，确保所有工序上的所有人都尽其所能，实现盈利能力的最大化。利用数字孪生技术，可以直接生成详细的作业指导书，与制造全过程进行关联。如果发生任何变更，整个过程都会进行相应的更新，甚至还能从制造环境中收集有关制造执行情况的信息。此外还可以利用大数据技术，直接从制造设备中收集实时的质量数据，将其输入数字孪生模型，对设计和实际制造结果进行比对，检查二者是否存在差异，找出存在差异的原因和解决方法，确保制造能完全按照规划来执行。

（四）数字孪生应用于设备维护

现场产品性能数据可与工程仿真的结果相结合，以预测产品在工作条件下的未来性能。这种预测性功能可优化维护进度，减少计划外设备停机，也能大幅提高运营性能。具体而言，通过对每一个设备的当前状态建模，进行基于现实应用的分析，以获得更高的运行效率、更低的热耗率、更长的寿命和更大的功率。数字孪生是实际运行设备的实时虚拟版本，可以用来提供产品的性能与维护信息。通过设备上的各种传感器将温度、振动、碰撞、载荷等数据实时输入数字孪生模型，然后，数字孪生的环境模型与实际设备工作环境的变化保持一致，通过数字孪生在设备出现状况前提早进行预测，以便在预定停机时间内更换磨损部件，避免意外停机。另外，用户还可利用收集到的数据改进新一代机器的设计。

数字孪生技术并非一蹴而就的，而是在大数据、云计算、物联网、人工智能以及建模与仿真技术经过多年发展的基础上，结合智能制造等新生的复杂需求场景应运而生的。数字孪生技术发展仍有很长的道路要走，其发展前景十分广阔。在制造领域，智慧建筑、智慧城市、能源互联网等领域都可以借鉴数字孪生技术实现更智能的优化提升。英国国家基础设施委员会 2017 年 12 月发布《为了公众利益的数据》报告，提出建立国家基础设施的数据总体框架和数字孪生，以提升国家基础设施的性能、效率和强健性。数字孪生正逐步上升为国家战略。

（哈尔滨工业大学控制与仿真中心　李伟　马萍　张冰）

美军联合战区级仿真系统发展综述

联合作战是多军种进行的全方位全时域多维协同军事行动，要求能迅速调动和综合运用联合或合成部队，以应付突发的危机和冲突以及执行作战任务。联合作战强调在整个作战空间内，空中、陆地、海上的不同军兵种的协调一致的军事行动和军事指挥，这就对联合训练提出了很高的要求。而通过作战模拟系统可以实现以较低的费用、达到较好的联合作战训练效果，联合战区级仿真系统（Joint Theater Level Simulaion，JTLS）就是美军的一种典型系统。在 2017 年 5 月台军举行的“汉光 33”三军联合兵棋推演就使用了该系统。

一、系统发展概述

JTLS 是针对陆、海、空联合作战以及后勤、特种兵力、情报支援的交互式、多方参与的战区级作战模拟系统。1983 年，该系统由美国战备司令部、陆军军事学院和陆军概念分析局联合资助，由美国罗兰公司研发，并在 1990 年用于“沙漠风暴”行动的联军训练及任务预演。最初 JTLS 设计用于对联合作战计划进行分析、研究和评估，现在更多地应用于联合作战指挥训练和演习。

JTLS 主要用于模拟美军联合任务清单所定义的战役级常规联合作战和合成作战，可以模拟联合空中、地面、海上、两栖和特种部队作战以及有限的核、化学效果、低强度冲突以及冲突前战斗。该系统应用领域包括应急计划和联合战术的分析、制定和评估，备选军事战略的评估，作战单元的结构与武器系统的配置分析，联合参谋演习的作战评估等。

从 1983 年至今的 30 多年中，JTLS 经历了多次功能和系统升级，其中在 2005 年 5 月发布了 JTLS 3. 0 版，实现了 Web 功能；在 2016 年 11 月升级为5. 0 版，采用了多级全球格栅地形系统、全球非密数据库并全面实现了地面单元和空中任务指令计划。目前最新版本为 2017 年 2 月发布的 5. 0. 3 版。

二、系统功能及组成

（一）系统功能

JTLS 为构造仿真系统，通过 6 类模型提供兵力控制、地面作战、空战、海战、后勤保障以及指挥、控制、通信和情报系统作战仿真功能。

（1）兵力控制：包括指挥权限、各方关系和交战规则三个方面。JTLS 会授予一方部队的司令官向参与作战模拟的下属分配指挥权并实施管理。每一方参战部队都可确定与其他方之间的关系，这种关系在仿真运行过程中能根据攻击后的结果而改变。JTLS 在地面、地对空和空对空交战方面仿真了一系列交战规则的概念，使每个作战单位针对每个敌对方都有一套特定的交战规则。

（2）地面作战：可建立新的地面机动路线；攻击、防御、阻滞或撤退；

下达明确的间接火力支援命令；地面布雷、空投布雷或炮兵布雷；地面单元的合成与拆分、交战规则的设定；扫雷；修复目标；摧毁目标；命令增援火力等。具体包括地面部队机动与部署、地面分队攻击作战、战斗系统、火炮作战、空空导弹作战、布雷和扫雷、防空、传感器与干扰机、综合防空网、心理战等。

（3）空战：包括机载预警与控制系统、空中加油、战斗空中巡查及防御性防空、攻击性空中支援（近距离空中支援）、护航、武装侦察和非武装侦察、电子战、空中拦截和攻击性防空、防空压制、空投部队或补给、空运部队或补给、区域巡逻任务（反潜战监视）等。空战仿真可以通过自动空中任务指令生成器和人工输入所有指示或两种方法的组合使用来实现。参与仿真的人员可以通过空中任务指令的创建在其预期的发射和警报时间之前妥善计划和安排任务。空中任务指令生成器可以创建由不同类型飞机组成的任务包，参与仿真人员可以创建由单独一架飞机完成的任务。

（4）海战：可仿真舰舰导弹攻击与舰炮攻击作战、两栖装载与两栖攻击、区域巡逻和反潜战、基于航空母舰的空中作战、防空（包括末段反导）、水雷作战、外国海军部队遮蔽。

（5）后勤保障：包括后勤保障能力、自动再补给、综合补给、应急补给、补给输送、部队输送、由铁路、船或卡车运输补给；由铁路、船或卡车运输部队、港口装载和海上运输、运输网络等。

（6）指挥、控制、通信和情报：在 JTLS 中，同一方部队中的所有作战单元能共享战场态势信息，任何一个单元获取的情报都能为整个部队所用，从而使指挥官掌握敌情，制定周密、及时的计划，有效实施军事行动。情报功能包括建制的地面和空中情报、高分辨率部队（类似特种作战部队小分队等规模非常小的部队）情报收集、空情、海情、非战区情报收集源、为参演者定期提供情报报告或由参演者自行检索情报报告。

（二）系统架构及组成

早期的 JTLS 运行在用作通用信息服务器（the G - Protocol Data Server, GENIS）型仿真服务器的 Unix 平台上，使用的是 Sun Sparc 工作站，采用的是 C/S 架构，该设计需要在大容量信道上交换大的、持久的数据量。

2005 年 5 月发布的 JTLS 3.0 将基于 GENIS 的传统体系结构设计成了 Web 使能的体系结构，并为操作人员提供了对工作站进行“裁剪”的能力。新设计实现了独立于操作系统的基于 Java 的客户端工作站和 Web 浏览器，大大降低了带宽要求。这种设计类似于商业 Web 服务，作战模拟数据不再是被“推”向客户端工作站，而是保持在 JTLS 对象分发授权的服务器仓库中，等待查询“请求”。

目前，系统支持的操作系统是 Red Hat Linux 和微软 Windows 操作系统。所有 JTLS 组件均可运行于支持 Red Hat 企业级 Linux 的平台之上。基于 Web 主机的界面程序为 Java 应用程序，可在基于 Windows 或 Linux 的工作站上运行。

JTLS 包括想定准备工具、系统创建和初始化程序、Web 服务、参演者界面程序、想定支持工具等主程序及其支撑程序，其中作战事件程序、Web 服务、基于 Web 主机的界面程序（属于参演者界面程序）为该系统的核心程序。JTLS 通过这些程序的运作完成想定准备、模拟运行和结果分析等工作。该系统可在单台或多台计算机运行，也可在单个站点或多个站点运行。

JTLS 具备与若干个实战指挥、控制、通信、计算机与情报系统（Command, Control, Communications, Computers and Intelligence, C^4I）的接口并可以在局域网和广域网上运行。JTLS 程序组成及功能表如表 1 所列。

表 1 JTLS 程序组成及功能表

程序名称	组成及功能
想定准备工具	包括数据库开发系统（Database development system，DDS）、想定验证程序（Scenario Verification Program，SVP）、参演者联机手册（Online Player Manual，OPM）、兰彻斯特系数开发工具（Lanchester Development Tool，LDT）
系统创建和初始化程序	用于完成一个特定想定的前期准备，包括想定初始化程序和接口配置程序（Interface Configuration Program，ICP）
战斗事件程序（CEP）	JTLS 的所有作战模型都在战斗事件程序中运行，战斗事件程序是 JTLS 的核心部分，决定着想定中所定义和模拟的空中、地面和海上部队的全部行动和交互活动。战斗事件程序可以创建、维护和报告模拟战争环境的当前态势
Web 服务	包括 JTLS 对象分发授权（JODA）、Apache Web 服务器、JTLS XML 串行资源库（JTLS XML Serial Repository，JXSR）、XML 消息服务（XML Message Service，XMS）、指令管理授权（Order Management Authority，OMA）、属性参数同步服务（Synchronized Attribute Preferences Server，SYNAPSE）、Web 服务管理器（Web Services Manager，WSM）
参演者界面程序	包括基于 Web 主机的界面程序（Web Hosted Interface Program，WHIP）和交互式再调用与回放程序（Total Recall Interactive Player Program，TRIPP）
想定支持工具	包括 JTLS HLA 接口程序（JTLS High Level Architecture Interface Program，JHIP）、指令检验工具（Order Verification Tool，OVT）、实体仿真器（Entity Level Simulation，ELS）、JTLS 作战接口（JTLS Operational Interface，JOI）、KML（Keyhole Markup Language，Keyhole 标记语言）作战接口（KML Operational Interface，KOI）、想定数据资源库（Scenario Data Repository，SDR）。其中 JTLS 作战接口是实现模拟系统与现役 C^4I 系统对接的接口程序，通过该接口实现模拟系统与现役指挥控制系统之间的数据交换

三、作战模拟的具体实施

JTLS 作战模拟过程有 5 类主要人员：演习导演、高级控制员、技术协调员、计算机系统管理员以及参演者。

（1）演习导演：负责对兵棋推演进行计划和管理。

（2）高级控制员：负责对演习过程进行监控并利用 JTLS 模型建立电子作战空间以满足演习导演所提出的作战需求或训练目标。

（3）技术协调员：负责启动和结束兵棋推演，监控所有用于仿真的计算机资源并提供技术支持。

（4）计算机系统管理员：负责对计算机进行配置和协调软件变更与硬件维护。

（5）参演者：输入兵棋推演的指令并监控所分配兵力的状态。参演者一般分为指挥官、陆、海、空、情报及后勤6 类，具有所在方部队的指挥权或仅限于所指定的部队的指挥权。

在作战模拟过程中 JTLS 的组织机构、基本单元连接关系以及兵棋推演/指挥所演习的典型设置如图 1 ~ 图 3 所示。

四、作战应用

JTLS 被部署在美军的联合参谋部、中央司令部、欧洲司令部、南方司令部、太平洋司令部、特种作战司令部以及海军研究生学院等。澳大利亚、日本、法国、沙特阿拉伯等国也是 JTLS 的用户。

JTLS 被应用于美军及其盟军的大型联合军演，其中典型的是“内部观

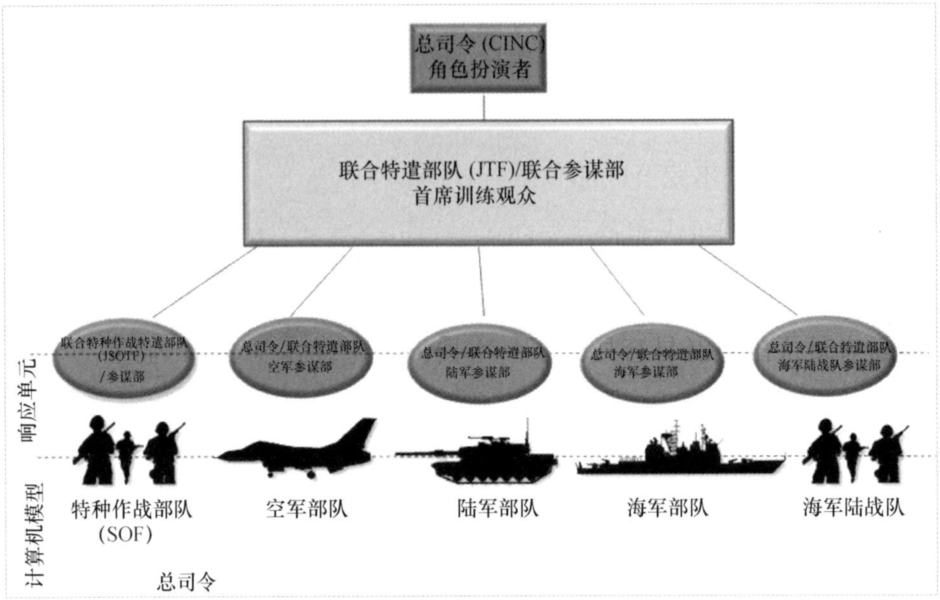

图 1　JTLS 作战模拟的组织机构示意图

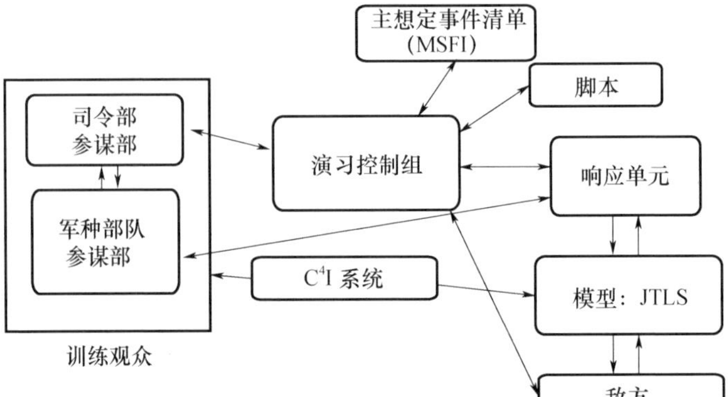

图 2　JTLS 作战模拟中基本单元连接示意图

察”演习，这是美国中央司令部在伊拉克战争前举行的由军、师一级的指挥官参演的大型网上作战模拟演习。除了军事上的用途外，JTLS 还能应用于“非战争军事行动”、应急事件预演及城市安防等方面，如公共安全和灾

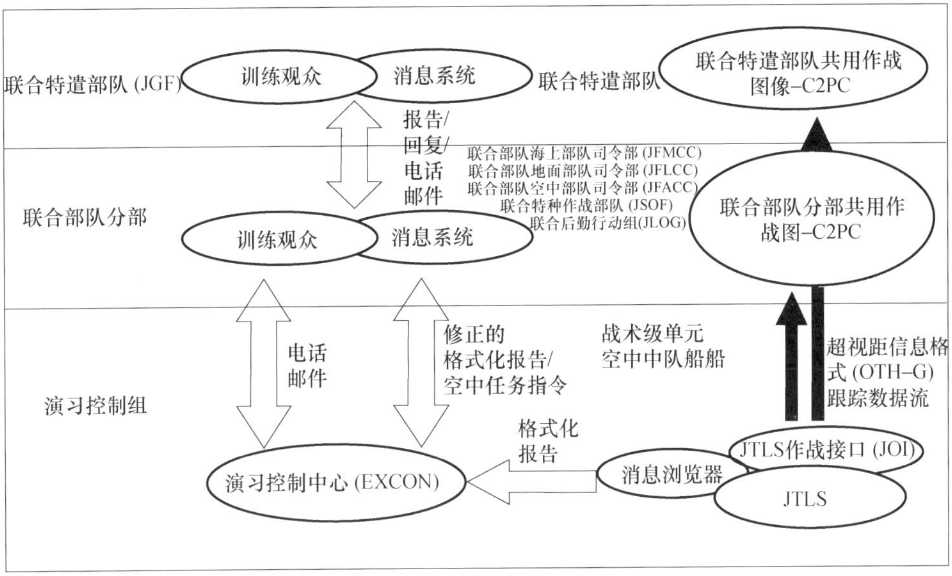

图 3　JTLS 兵棋推演/指挥所演习的典型设置

难预演、地震预防、洪水和飓风等防灾计划、维稳等。

台军在 2003 年购买了 JTLS，系统安装在“联合作战演训中心”（Joint Exercise and Training Center，JETC）（图 4），并从 2004 年开始将该系统应用于“汉光”兵棋推演。

图 4　台军联合作战演训中心

台军在2004年“汉光20”兵棋推演中首次使用JTLS，在这次推演中以大陆为假想敌，以制空、制海、“国土防卫”3阶段进行推演。该系统存有美台共同修订的有关大陆方面的军力参数，可模拟各种战争状况。该套系统能够与美军太平洋总部联机并通过该总部与日本、韩国及各地美军连接，能使美太平洋总部在线实时掌握全局。

据台媒体报道，在2017年5月举行的“汉光33”陆、海、空三军联合兵棋推演中也使用了JTLS，该次军演以2025年大陆军力状态进攻台湾作为想定，开展了五天四夜24小时不间断的兵棋推演，军演的重点包括战力保存、联合情报监视侦查运用、联合反封锁及联合反登陆作战等项目（图5）。这次兵推设定了大陆在2025年3艘航空母舰建制成军并装备隐身战机和新型导弹，相关战术战法还模拟了台军是否拥有F－35战机的情形下分别该如何作战。

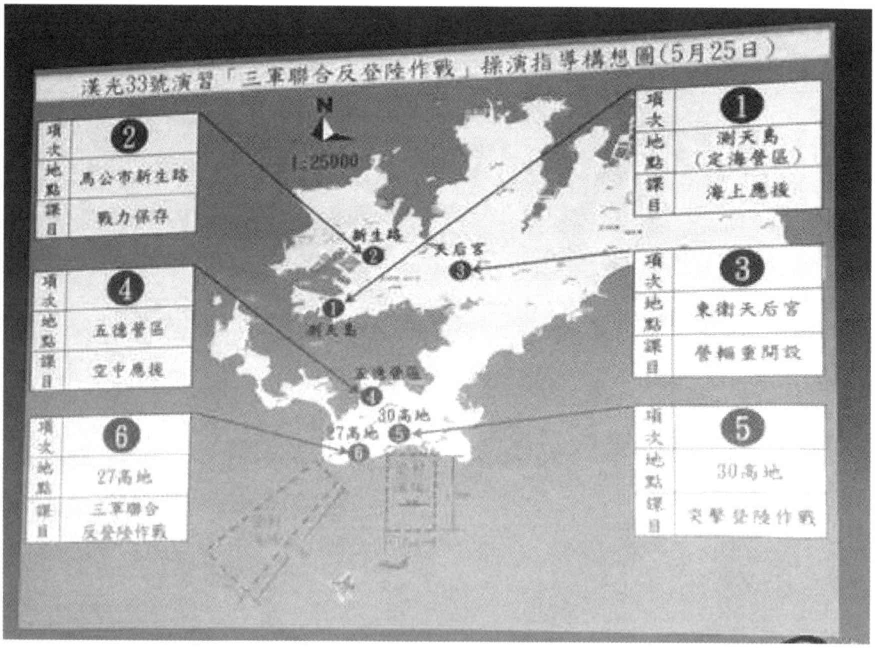

图5 “汉光33”演习构想图

台军在利用 JTLS 进行军演时，参与演练的相关单元包括进攻部队、防御部队、演习控制人员、执行人员、观察人员、评审分析人员（图 6）。

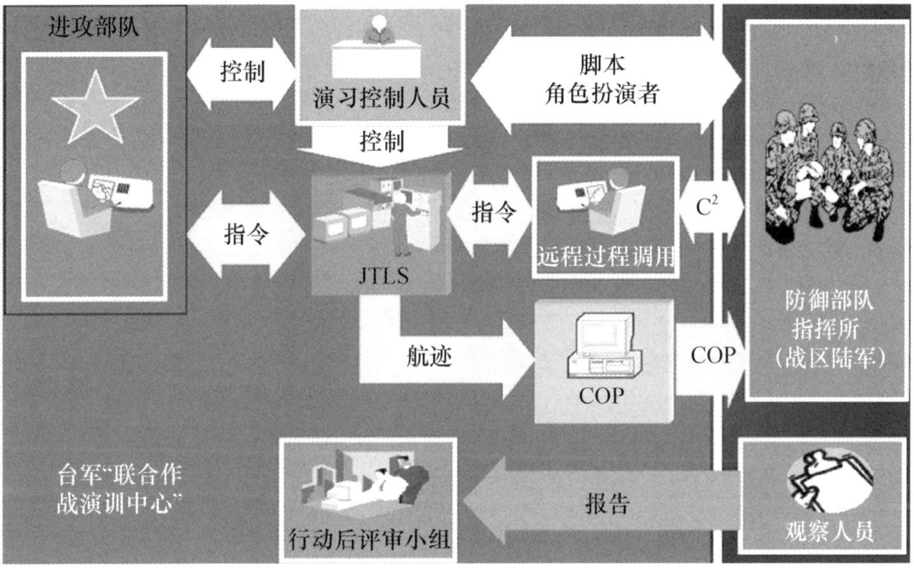

图 6　参与演练的相关单元

台军 JTLS 与 C^4I 系统等外部系统的连接关系如图 7 所示。

其中台军想定数据客户端用于通过 JTLS 对象分发授权为通用作战图客户端提取所选择的数据，C^4I 系统为指挥所提供情报并使受训的观众熟悉 C^4I 系统，无人机系统提供来自模拟无人机的侦察图像，军事情报 COP 系统为联合演习控制组提供带有 COP 情报的真实地形，战斗毁伤评估是基于 Web 的工具，用在 JTLS 中查询战斗结果。

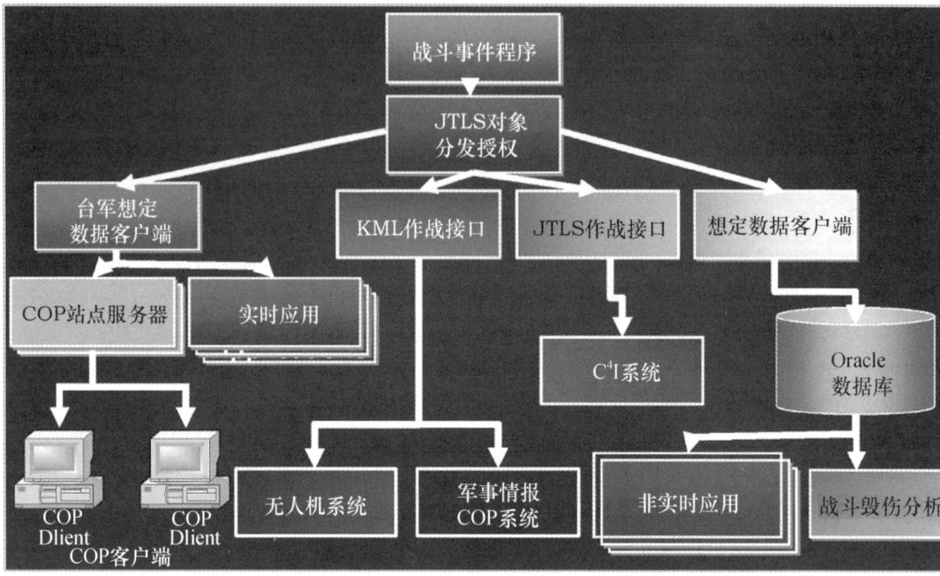

图7　JTLS 与 C^4I 系统等外部系统的连接关系

五、结束语

JTLS 将通过灵活、可剪裁、易部署的模拟训练系统支持联合和多国战役级的联合作战训练。该系统的后续发展重点是保持一个稳定、可靠并满足网络安全要求的系统；通过互操作工具使国防部机构及多国盟军进行有效的作战训练；最大化的利用创新、低成本的技术途径以满足战训需求；快速对当前和未来的训练需求以及 C^4I 互操作需求做出响应。

（中国电子科技集团公司第二十八研究所　冯芒　李晓文）

美军训练仿真系统建设综述

以美军为代表的西方发达国家军队一直高度重视建模与仿真技术在军事领域的应用，将其作为“军队和经费效益的倍增器”和“影响国家安全及繁荣的关键技术之一”。20 世纪 70 年代以来，美国国防部在建模仿真领域投入了大量人力、财力和物力，成立了专门的领导、管理和协调机构，建立了一大批作战实验室，制定了一系列建模与仿真标准规范，特别是研制了数量庞大的仿真系统。经过近40 年的持续投入、淘汰更新和不断完善，美军目前已形成了涵盖不同领域（陆、海、空、天、电、网）、不同层次（战略、战役、战术、技术）、不同手段（实兵/实装模拟、推演模拟、虚拟模拟）和不同用途（军事训练、作战分析、装备论证）相对完善的作战仿真实验体系，有利地促进了其军队转型建设和部队战斗力的提升。

梳理和掌握美军训练仿真系统建设情况，对于我军作战仿真实验体系建设具有十分重要的意义。但是，由于美军作战仿真经历时间久远，正在研制、投入使用、已经淘汰、持续更新的项目和系统不计其数，另外仿真系统本身分类烦琐且功能多有交叉，为了能清晰展现美军训练仿真系统发展和建设脉络，下面将从不同层次、不同用途展开分析研究。

一、美军军事训练仿真系统建设情况

（一）美军军事训练仿真系统发展历程

美军是开展仿真训练最早也是最成功的军队，其训练仿真系统的建设大致可以划分为萌芽产生、快速发展、联合仿真、虚实结合4个阶段。

（1）第一个阶段，萌芽产生阶段。20世纪70年代之前，美军主要依靠实兵演习和手工兵棋推演等形式组织军事训练。随着计算机技术的发展，美军越来越多地利用计算机进行辅助训练，利用计算机仿真技术开展军事训练的优势逐渐凸显。这一阶段，对计算机仿真训练，美军经历了从陌生到熟悉的过程，仿真系统也经历从人工仿真向半自动化仿真，再向全自动仿真转变的过程。随着第一个完全“自动化”的仿真训练系统——“合同战术训练模拟系统”的投入使用，标志着美军利用计算机仿真开展军事训练正式拉开帷幕。

（2）第二个阶段，快速发展阶段。20世纪70年代中后期，美军从上到下都意识到计算机模拟训练所带来的巨大优势，各军兵种开始大量研发各自的训练仿真系统。这一时期，美军计算机仿真系统建设呈爆炸式增长，各军种各自建立了大量训练模拟系统，如陆军研制了旅/营战斗模拟系统、军作战模拟系统、“两面神”模拟系统、战术模拟系统以及战斗勤务模拟系统等，空军研制了空战模拟系统等系统，海军研制了评估和系统分析模拟系统等。数据显示，仅1974年，美国国防部应用清单中就有近500个作战模拟模型。这种爆炸“竖烟囱”式的现象带来的直接后果就是资源极大浪费和系统之间难以集成互联。

（3）第三个阶段，联合仿真阶段。从20世纪80年代末开始，合同/联合作战训练成为美军作战训练的重点，对于各军兵种各自开发的系统进行联合仿真的需求日益强烈。在国防部建模与仿真办公室的领导和协调下，美军先后出台了分布式交互仿真协议、聚合级仿真协议、高层体系结构等一系列标准，用于多个系统的联合仿真。这一时期主要特点就是遵循标准开展互联集成，不仅是同种仿真系统的互联集成，不同仿真系统之间也要互联集成；不仅是军种内部各兵种的仿真系统要互联集成，各军种之间的仿真系统也要互联集成；不仅是同一层次的仿真系统要互联集成，不同层次之间的仿真系统也要互联集成。这一时期典型的项目包括仿真网络训练器、诸兵种合同战术训练器、联合训练联邦、战争综合演练场、联合仿真系统等。

（4）第四个阶段，虚实结合阶段。20 世纪 90 年代末以来，美军意识到纯粹的计算机模拟容易造成战训脱节，提出了“像作战一样进行训练”的要求，开始倡导实兵训练、虚拟仿真、推演仿真相结合的实况—虚拟—构造（Live，Virtual and Constructive，LVC）训练理念，力求通过发挥计算机仿真和实兵训练各自的优点，达到既节省经费开支又能体现实战训练的目的。此后，美军大力发展 LVC 相关技术标准，提出“仿真 - C^4ISR”体系结构框架，并制定了 LVC 体系结构发展路线图，从技术体系、业务模型、标准建立和管理步骤4 个方面对多系统互联给出了相关建议，并罗列了下一步的核心任务、附属任务和支撑任务。这一阶段是联合仿真阶段的进一步发展，强调打通作战指挥系统、推演仿真系统、实兵模拟器之间的联系，使得不同军兵种、不同层次、不同类型的仿真系统能够联合运行，共同支持面向实战的综合性训练。典型代表有联合实兵虚拟推演联邦等项目。

（二）美军军事训练仿真系统建设现状

美军军事训练仿真系统按照训练层次可分为技术训练、指挥训练和战略训练三个层次，下面从这三个层次分别展开介绍近年来美军在军事训练仿真系统建设方面的情况和取得的代表性成果。

1. 技术训练仿真系统建设情况

技术训练仿真系统主要用于对受训者的操作、协同技能进行训练。典型的例子就是各类训练模拟器，如飞行模拟器、坦克驾驶模拟器、导弹发射模拟器、激光交战系统等。美军较早开展技术训练仿真的研究和应用，其装备操作训练系统和战术协同训练系统一直处于国际领先地位。

（1）装备操作训练方面。美军先进武器装备几乎都编配有相应的虚拟模拟器/系统。例如，美军 M1A2 坦克模拟器，坦克驾驶员可操纵 M1A2 坦克模拟器过雪地、穿森林，撞到树上，还会感到猛烈震动。当前，美军装备技术训练模拟器正向“嵌入式”和“穿戴式”发展。“嵌入式”训练是指将模拟器或模拟训练系统嵌入到作战装备或作战指挥系统中，使模拟训练与实兵实装训练有机结合起来，从而有效地解决模拟训练技术不成熟、无法取代真枪实弹训练的局限性。如美国陆军计划把射击模拟训练器、坦克武器射击模拟训练系统和近战战术模拟训练器等嵌入到坦克、侦察车以及各种型号的自行火炮、步兵战车、工程车辆和直升机里。2011 年 8 月，位于美国加利福尼亚州的 Quantum3D 公司与美国陆军的仿真、训练和仪器项目执行办公室签订一份价值 2000 万美元的合同，向美军提供 ExpeditionDI 单兵穿戴式虚拟训练系统，用于满足美国陆军和海军陆战队的单兵及小分队作战训练需求。这种“穿戴式”的发展趋势值得高度关注。

（2）战术协同训练方面。当多台模拟器共同组成一个综合虚拟训练环境时，不仅可以进行装备操作层面的技术训练，同时可以开展战术层面的协同训练。早期典型代表是美军的仿真训练网络（SIMulator NETworking，SIMNET）项目，SIMNET 是一个美国陆军与美国国防高级研究规划局联合研制开发的工程项目，该项目利用计算机技术实现了多个坦克装甲车模拟器互连，通过在网络上传送数据流实现所有模拟器数据的实时更新，以完成在网络上模拟器对抗。另一个典型代表是美国陆军的联合作战战术训练系统（Combined Arms Tactics Trainer，CATT）项目，该项目集成了包括近距离作战战术训练器、陆航合同战术训练器、防空合同战术训练器等在内的多个陆军合同战术模拟器系统，这些系统共同组成一个多兵种合同作战的虚拟战场环境。

2. 指挥训练仿真系统建设情况

指挥训练仿真系统主要用于对指挥员进行指挥能力训练。不同层次、不同类型的指挥训练模拟系统，所采用的方法可能也不一样。美军经过多年的建设，指挥训练仿真系统发展已经比较成熟，形成了系列化的分队/合同战术、军种战役以及联合战役训练体系，并在系列战役演习中发挥了重要作用。

（1）分队/合同战术指挥方面，美军已开发并装备的训练系统非常多，如用于训练连、排级指挥员及旅、营级参谋人员的“两面神”模拟训练系统；可支持步兵营、装甲连、野战炮兵营、工兵连和反坦克连指挥训练的虚拟指挥官训练系统；可为作战部队参谋和参战人员等提供命令级训练，并可与联合战役层次训练仿真系统互联的美军联合冲突战术仿真系统；旨在支持美国海军陆战队指挥官及其参谋人员训练的海军空陆特遣部队战术作战仿真；可对单兵、单作战平台到营层次的作战行动、系统与控制过程进行仿真的新一代的半自动化兵力生成系统；以及用于非战争军事行动指挥训练的“光谱”模拟训练系统；用于训练机动旅和营指挥员及参谋人员空降作战时，定下决心能力的旅/营战斗模拟训练系统；用于训练合成/联合部队军、师、旅级别参谋军官集体训练的军团作战模拟训练系统；用于情报搜集和参谋人员训练的战术模拟训练系统；用于训练战斗勤务部（分）队指挥员的战斗勤务模拟系统等。

同时，美军还拥有大量的军种战役指挥仿真训练系统，如支持美国陆军营到战区级的指挥员和参谋人员的战士仿真系统 WARSIM 2000、用于空军飞行员技能训练和指挥对抗训练的空战模拟系统、用于对空中战术作战和防空作战的电子战训练的联合“四项”仿真系统、用于海军作战对抗模拟训练等。

（2）联合战役指挥训练方面，美军主要有两类系统进行支撑：一类是直接构建涵盖诸军种作战力量和作战行动的联合作战仿真系统，代表系统为联合战役仿真系统（Joint Theater Level Simulation，JTLS）。JTLS 是美国罗兰公司研制的联合作战推演系统，目前已广泛用于美国以及北约等多个国家和地区的联合作战演习。特别是最近两年，JTLS 得到了更为广泛的应用，例如，美、日的“利刃 2014”演习、北约的“三叉戟—兰斯 2014”演习、“三叉戟—捷豹”演习等。另一类是将各军种研制的系统通过一定的标准协议互联起来，发挥不同专业系统的长项，共同构建一个综合的联合作战训练环境，典型代表是联合多分辨率模型（Joint Multi – Resolution Model，JMRM）项目。JMRM 通过高层体系结构运行支撑平台将 JTLS、联合冲突战术仿真系统和扩展防空仿真系统等不同分辨率、不同领域的仿真系统互联起来联合运行，发挥各自擅长领域的仿真能力，共同形成一个能支持多层次、涵盖多种作战样式的综合训练环境。

近年来，美军高度重视 LVC 训练方式的发展和应用，把构建 LVC 的训练环境作为推动军事训练转型和提高军事训练水平的抓手，在人力、物力上给予了大力支持，为此美军特别制定了详细的实兵、虚拟和推演模拟体系结构路线图计划。美军对于构建 LVC 训练环境用于军事训练经历了一个从概念形成到尝试并肯定，再到加大投入力度的过程。2002 年 6 月 24 日至 8 月 15 日，美军进行了具有里程碑意义的“千年挑战 2002”演习。此次演习中，美军第一次采用了类 LVC 联邦的环境来支撑演习，通过这次演习，美军发现在部队地域分散和演习经费有限的情况下，模拟系统能为组织大规模实兵演习起到黏合剂的作用，实兵系统则能为受训者提供近似实战的训练体验，肯定了 LVC 训练方法的效果。2004 年，美军发布的《训练能力选择性分析报告》指出：“单纯的模拟训练不能替代实兵训练，如果模拟训练不和实兵训练相结合，训练的效果可能不好，甚至会对作战起负面的作用”，肯定了 LVC 训练方式。“千年挑战 2002”演习后，联合国家训练能力项目开始推动以 LVC 训练方式进行演习，大力支持联合实兵虚拟推演联邦建设。2002 年至今，美军在“红旗军演”“北部利剑”“TS09”等系列军事演习中都采用了 LVC 训练方式。此外，美军 2007 版和 2009 版的《训练部门建模与仿真业务计划报告》提出要“大力发展建设作为美军训练转型的使能器的 LVC 训练环境，使得美军能像作战一样进行训练”，报告通过对近期投资的联合多分辨率模型、联合实兵虚拟推演等 8 个主要项目分析指出：未来要利用具有无缝互操作能力的 LVC 训练环境来提高国防部的训练能力。

3. 战略训练仿真系统建设情况

美国是最早开展战略模拟训练的国家，早在 19 世纪末，美国海军军事学院就运用手工战略兵棋进行战略训练。20 世纪中叶，美国兰德公司探索政治军事对抗模拟方法，美国麻省理工学院则提出了研讨式对抗模拟方法。随着计算机的应用，战略训练模拟系统开始出现，典型代表就是兰德公司研制的兰德战略评估系统，后来升级为联合一体化应急模型系统，该系统已逐步推广到美军内外各有关单位使用，特别是在美国国防大学等院校开展的战略模拟训练中得到广泛应用。

20世纪90年代中期至今，美国逐渐将战略模拟演习常态化，不仅在美国国防部、参联会、联邦机构、军事院校组织战略演习，还依托地方研究机构甚至地方大学组织各种形式的战略演习。为此，美军需要一系列的战略训练仿真系统来进行支撑。一方面，美军陆、海、空三军所研发的系统大多支持战略层次模拟训练，如美国空军的作战模拟系统谱系中，在用的外部侵入式飞机应用工具、THUNDER、战斗兵力评估模型、后勤综合模型等都能够支持战略层次模拟训练中对空军作战行动的模拟仿真。另一方面，美军又启动了一批战区以上层次联合作战仿真的模型系统，如联合仿真系统、联合作战仿真系统等，这些新型联合作战模拟系统也能够很好地支持战略训练模拟中对军事行动的仿真。

近年来，世界政治、军事、经济格局发生了极大变化，能源安全、网络安全、经济安全、信息安全等新的安全问题更加受到关注，逐渐成为战略模拟训练的内容。美国空军举行了多次施里弗系列演习，美国国土安全部牵头组织了“网络风暴”系列演习，一些战略咨询机构受政府和国防部委托举行了石油冲击波演习，美国国土安全部和很多州政府举行了多种多样的反恐演习。为了支持这些新型演习，美军开发了大量的新型战略训练模拟系统，如分析仿真综合环境、流行病传播仿真系统、交通分析仿真系统等。另外，为了更好地支持网络空间安全战略训练，美军采用新型建模仿真技术投入巨资建立网络靶场。

二、美军训练仿真系统建设现状分析

（一）美军训练仿真系统建设经验

美军的训练仿真系统建设和应用情况对我军来说有以下三条经验可以

借鉴。

1. 经验一：单一系统不能包打天下

研究发现，美军训练仿真系统种类繁多、层次完整、技术开放、应用丰富。从仿真的作战行动类型上看，不仅包括传统作战行动，还包括维和、救援、救灾等非战争行动，特别是还包括网络、太空等新型作战行动；从应用层次上看，涵盖了包括技术、战术、战役和战略等各个层次的军事问题；从仿真技术视角看，不仅有实兵仿真、推演仿真、虚拟仿真多种样式，还有分布式交互仿真协议、聚合级仿真协议、高层体系结构等多种协议。总体来说，在训练仿真系统方面，外军不是靠一个系统包打天下，不同的系统都得到了不同程度的支持和发展，可谓是百家争鸣，百花齐放。

2. 经验二：好的系统能得到持续支持

美军训练仿真系统的建设和发展过程还提醒我们：一个好用的系统不是一蹴而就的，而是得到持续的理解和不断的支持，经过长时间改进完善而形成的。自 20 世纪 70 年代开始，美军在作战仿真系统的投入与研制上建立了较为科学完善的管理机制，对作战仿真系统项目的中止、淘汰和持续投入做出了相应的规定，那些真正建得好、用得好的仿真系统得到了持续的支持和发展。例如，美军一直在用的重要训练仿真系统联合战区级仿真系统，从 20 世纪 80 年代开始研制以来，该系统多次应用于美军战前的作战训练并取得了很好的效果，经过近 30 年的持续投入和不断研发，目前该系统已发展到联合战区级仿真系统——GO 版本。建立科学的评价管理体制和机制，适时中止淘汰一批不能用、不好用、不管用的系统，大力持续支持那些能用、好用、管用的系统，才能真正将钱花在刀刃上，才能切实推动作战仿真系统建设的良性发展。

3. 经验三：应用是最好的牵引

应用是对系统最好的检验，同时也是最好的牵引。美军在利用仿真系统开展作战演习和实验活动的同时，一方面能对系统易用性和有效性进行检验；另一方面，也能对系统建设提出新的需求和要求，进一步牵引作战仿真系统的建设和发展。例如，20 世纪 90 年代，美军开始高度关注联合作战训练和分析，开展了一系列的联合作战演习和作战分析活动，联合战区级仿真系统、联合作战仿真系统等联合作战仿真系统得到了大力支持和快速发展。近年来，随着信息技术的发展，太空和网络空间等新型作战力量和作战样式开始出现，美军迫切需要在用的仿真系统能够为其在新型作战空间的训练和分析提供支撑，联合战区级仿真系统、联合作战仿真系统等系统的研制部门根据这些新需求，在太空和网络等领域投入力量研制相关模型，并把这些新功能添加到系统中形成新版本系统，从而使得系统进一步发展和完善。

（二）国外训练仿真系统发展趋势

1. 趋势一：训练领域不断扩展

作战需求一直是作战仿真系统发展的首要驱动。当前，随着网络、电磁、太空等空间的出现与发展，美军开始关注相关新型作战域和作战样式的作战仿真系统的建设。目前，已经出现了一批关于空海一体战、太空作战、网络战的仿真系统，并且还有很多系统正在建设中。可以预料，在不久的将来很快就会有大量新型作战仿真系统陆续出现并得到广泛应用。

2. 趋势二：技术体制不断革新

当前，以云计算、大数据、虚拟实现、移动互联网等代表的新技术飞速发展，美军训练仿真系统建设与应用的技术体制正以前所未有的速度不断变化。“嵌入式”“穿戴式”技术在军事技能训练仿真系统中的广泛应用将进一步增强军事训练的沉浸感，大大提高仿真系统在军事训练中的作用；云计算、大数据等技术的发展和应用，也将进一步推动仿真技术的发展和资源的整合，为多系统大规模联合作战仿真试验提供了良好的技术支撑。

3. 趋势三：面向应用的 LVC 多系统集成成为基本形态

近年来，以美军为代表的西方军队高度重视 LVC 方式在军事训练、武器试验以及作战理论研究等领域的应用，把构建 LVC 训练和试验环境作为推动军事训练转型、武器装备建设及作战理论创新的抓手，提出了“像作战一样训练”“像作战一样试验”等口号，同时制定了详细的实兵、虚拟和推演模拟体系结构路线图计划，开展了多项相关研究工作，并通过军事演习和靶场试验不断改进 LVC 训练和试验环境的建设。未来，LVC 多系统集成将成为仿真的基本形态，在兼顾有效节约经费的同时，提升训练和试验的实战化水平。

美军典型训练仿真系统简介见附录。

（国防大学联合作战学院　杨镜宇　张昱）

2017年外军虚拟/增强现实技术发展综述

2017年是虚拟/增强现实（Virtual Reality/Augmented Reality，VR/AR）技术高速发展、产品不断成熟的一年，VR/AR技术在军事应用、民事应用上都得到了巨大普及。在军事应用上，VR/AR技术已成为新一代武器装备组件，提升武器作战效能，进入军事训练课程，解决装备不足、提高教学效果，参与诸军兵种联合虚拟演习，大幅降低演习成本；从民用角度上，VR的相关技术更加成熟，消费级产品日趋完备。本文将从军事角度介绍2017年VR/AR技术的发展情况。

一、VR/AR军事应用分化为多个发展方向

（一）VR/AR技术已成为新一代武器装备组件，提升武器作战效能

在2017年英国国际军警防务展上，BAE Systems Hägglunds公司展示了最新的CV90战车，战车通过配备足够的传感器和成像系统，使可容纳8名士兵的战车变成透明。以前，侦察炮手必须将自己暴露在坦克的顶部以操作机枪炮塔，而利用AR技术可使他们在战车内部就能对战场环境进行360°

的观察并完成自动跟踪作战，并使用人工智能图像识别系统访问“威胁库”来筛选相关的信息。

（二）VR/AR 技术实施诸军兵种联合虚拟演习，大幅降低演习成本

2017 年，瑞典武装力量国际中心 SWUDINT 在军民关系培训中使用 VR 技术，让学员得到充分的练习。为了提高维和部队与国际平民对话以及与冲突地区当地居民进行互动的能力，该中心设立 VR 练习室，使学员们在虚构的冲突地区学习并进行联合评估任务，以此帮助学员学习冲突地区中可能遇到的情况以及处理办法。

2017 年初，美国桑迪亚国家实验室的计算机科学家在设计、安全培训和分析中使用 AR 技术。利用 AR 头显，设计师可快速完成仿真设计。同时，该实验室开发了一套基于 AR 技术的核设施模型培训软件，而此前，核设施的安全培训依赖二维平面工具。

2017 年初，澳大利亚国防科技集团向 50 名军事人员展示了微软 HoloLens，展示了头显如何通过提供 AR 视觉来协助战略制定、威胁管理和培训。

在最近举行的军事演练中，美国海军陆战队使用了由美国海军研究所提供的 AR 技术。其中包括与 AR 头显相关的交互式战术决策游戏、增强的沉浸式团队训练器和用于快速测量和建模地形的基于四轴飞行器的系统。交互式战术决策游戏是一款基于网络技术的应用程序，允许海军陆战队规划任务，进行“假如”的战术决策游戏或基于模拟的演练。它支持地图和多媒体工具，并会链接到美国海军研究所提供的 HoloLens 的 AR 头显。增强的沉浸式团队训练器包括笔记本电脑、软件和电池组，以及头戴式显示器。它采用 AR 技术把虚拟对象插入真实的环境，以营造真实的战术情景，包括友军和敌军的地面车辆、飞机和战场效果（如迫击炮爆炸）。为了快速开发地形模型以支持这些技术，海军陆战队正在接受训练以操作基于四轴飞行器的地形测绘系统。他们使用四轴飞行器盘旋训练场绘制图像，所得到的图像将会用来为训练系统建立地形模型。

（三）VR/AR 技术已应用于大型制造、维修、装配，提升装备系统研制效率

近些年来，VR 技术应用在工业设计领域案例越来越多，如波音公司、洛克希德·马丁等全球知名的军工企业也进入 VR/AR 领域。VR 技术可通过多感官的体现效果使设计者、用户、决策者理解设计理念，从而降低沟通成本和加速设计周期。在 2017 年虚拟现实消费者大会上，波音公司演示涡轮发动机的快速 AR 辅助工具，该工具能够帮助工程师快速定位故障位置，并给出维修步骤，解决维修时间，提高维修成功率。

二、VR/AR 技术在军事领域的示范应用

（一）模拟作战训练的示范应用

2017 年，美国陆军开展了班组沉浸式虚拟训练器（Squad Immersive Virtual Trainer，SiVT）项目的研制，旨在提供一个现实的小型部队模拟训练器，能够让整个步兵班组成员（9～13 名作战队员）同时开展训练，为班组成员提供远高于现实训练演习的训练频次。通过将现实和自然用户界面技术融合，SiVT 能够提供以下软件或功能：能够与未来陆军培训设备互操作的引擎独立软件；能够与陆军通用综合环境互操作进行个人和集体训练；能够快速构建和设计场景，描绘不断变化的现实世界情况；能够在短时间内反复进行数次训练并在训练结束后进行回顾。

SiVT 系统是模块化的，具有可运输、可调整、可移动和可扩展等特征。

SiVT 将能够复制人声、战场噪声、车辆行使、步兵武器和飞机，以及沙漠、雪山、丛林、城市、地下设施等三维地形和环境，还能复制挖掘、爆炸和战场破坏等行为。此外，该系统能够复制步兵士兵的实际行动，包括士兵站立、坐下、下蹲、行走、跑步、攀爬、匍匐、转身、跳跃和翻滚的能力。SiVT 用户能够部署、机动、射击、打败和摧毁敌人的部队，夺取地形、资源和人口稠密地区。通过该系统，小队领导能够从战术角度思考并利用信息来评估态势，制定决策，并在严峻的环境中下达命令。

（二）任务规划、预演与决策的示范应用

1. 战场态势认知

2017 年 11 月，美国国防高级研究计划局“标记”（Hallmark）项目授予 BAE 系统公司价值 1280 万美元的合同，用来开发一种有弹性、可扩展、安全的企业级软件架构技术，该技术能够创建一个虚拟作战空间，协助美军指挥官在空间环境中快速评估、规划和实施作战。这一技术也使得指挥官能够实践多域作战，集成并分析从太空、陆地、空中、海洋和网络空间收集的数据，支持并发的太空和地面任务。

2. 指挥决策支持

2017 年 5 月，美国海军陆战队启用了新型战术决策模拟工具，可在战场、兵营或教室供指挥官练习决策技巧。该工具应用了虚拟的交互式战术决策推演和 AR 沙盘技术。

交互式战术决策推演应用程序可规划任务并开展“假想式”战术决策推演。该程序将虚拟或实时演习场景融入到推演中，这些场景还可在营级范围内共享。该应用程序可与沙盘程序相连接，支持地形虚拟化和协同计划制定与评估。

AR 沙盘应用程序可使多个海军陆战队成员通过全息透镜生成的现实世

界、三维地形虚拟全息图进行交互。该应用使用一个全息透镜虚拟显示器将虚拟物体嵌入到实际视野范围内。交互式战术决策推演单元可在该地形上显示和移动。由于该程序提供共享的 VR 环境（虚拟物体置于实际物理背景下），置身于现实世界的海军陆战队员可看到虚拟的周围环境和参与人员。

（三）武器系统构建、评估与测试的示范应用

2017 年，美国海军将“宙斯盾”VR 系统部署在弗吉尼亚州达尔格伦的海军水面作战中心运作。这套被称为“宙斯盾”综合作战系统程序的 VR 系统只需安装在少数几台计算机服务器上，相比于当前系统占用的空间少很多。该套 VR 系统用于帮助尚未成熟的程序免费进行实战测试，使开发者在此程序进行真正的检测和评估之前，提前解决实际海战中会遇到的问题。美国海军预计于 2018 年 2 月将“宙斯盾”VR 系统安装在参与“混合训练部队演习”的驱逐舰上，目的是在真实战术情景下验证新算法。美军计划最终将“宙斯盾”VR 系统试点项目在驱逐舰上进行完整部署，能够实时收到海上发射导弹的真实数据，并且能够把它传回陆上的开发、测试和认证部门，在军舰和陆上基站之间实现一个无缝的前后端衔接。

三、军用 VR/AR 技术现状及未来发展趋势

（一）模拟作战训练仍是 VR/AR 技术的主要应用领域

模拟作战训练是 VR 技术在军事领域最广为人知的应用，通过 VR 技术使受训者在视觉和听觉上真实体验战场环境、熟悉作战区域的环境特征。用户通过显示设备、立体观察装置、人机操纵装置等与 VR 环境中的对象进行交互且相互影响，产生沉浸于真实作战环境中的感受和体验。在实物、

半实物仿真装备训练科目中，用户通过 AR 头显，标记作战目标、提供丰富的作战信息，协助相关训练的完成。

未来，军事领域的 VR/AR 技术将继续在更多的训练场景得以应用，包括桌面飞行训练仪、沉浸式 VR 训练环境以及基于 AR 头显的多场所复杂战术组队训练仪。

（二）VR/AR 技术协同认知、决策、指挥

通过对获取到的情报数据在三维战场环境上合成逼真的三维战场态势场景，使指挥人员更加形象直观地把握整个战场态势以便更好地进行决策；目前被广泛应用的三维战场可视化系统如电子沙盘就是根据侦察到的战场情报资料和战场自然环境，采用三维图形可视化系统合成出形象直观的三维战场全景图，让指挥官能够全面直观地观察和分析双方兵力部署和战场情况，以便判断敌情，做出正确决策。

未来，VR 技术将创建出虚拟的空间作战区，使指挥官能够更好地理解空间环境和潜在威胁。而 AR 技术可以在传统沙盘的基础上，为指挥官提供丰富的作战信息。

（三）VR/AR 技术融入装备选型、研制、维修

在相关技术的选型与研制方案探索阶段，可以采用基于 VR 技术的武器装备先期技术演示来对相关技术支撑下的武器装备进行建模，并在各种虚拟的作战环境下进行虚拟仿真实验，检验相关技术的可行性，以确保系统设计性能。在系统的研制设计阶段，采用基于 VR 的虚拟样机技术进行虚拟设计，不仅可以保证系统设计的首次制造的正确性，而且可以大大降低研制费用，缩短研制周期。在系统的制造阶段，可以采用基于 VR 的虚拟制造技术精确模拟计划的生产设施和过程，保证可生产性，降低制造成本，减少生产时间。在最后的实验定型阶段，采用基于 VR 的虚拟试验模拟可能出现的各种情况和环境因素，缩短试验时间和降低试验费用。通过 AR 技术维修装备，可以更快速定位故障原因，使工程师进行远程协助，加快装备故障的排查速度，提高装备维修的质量。

未来，基于 VR/AR 技术的一体化方案将贯穿于装备研制、装备生产、装备维修的整个过程中。

（北京理工大学软件学院　丁刚毅）

（中国电子科技集团公司第二十八研究所　李晓文）

美军太空作战演习发展分析

太空作战演习反映出美军在一定时期的太空作战思想、太空力量建设和应用情况，是美军太空作战准备的重要组成部分。美军近年来通过举行“施里弗演习”“太空态势感知桌面演习”“太空旗帜演习”等各种太空作战演习发展太空作战实战能力。太空作战演习日益成为美军探索太空作战新战法、验证太空作战新样式和培养太空作战人才的重要途径，是美军太空作战能力不断提升的重要支撑。

一、演习产生背景

太空是信息化战争的战略制高点，也是军事强国战略决胜的主战场，世界各大国正围绕太空优势争夺展开激烈角逐。在太空发展呈现出对抗、降级、竞争和有限作战的新态势下，主要航天国家大力发展进入太空、利用太空、控制太空等能力，太空军事化进程明显加快。

美军面对各种军事行动对太空系统依赖程度不断加深，而潜在对手不断挑战美国太空能力的现状，面临的威胁日益加剧，太空安全问题日益严峻。近年来，美军在太空军事能力发展思路上实现了“太空是一种支撑”向“太空是一个作战域”的转变，把发展太空攻防对抗实战能力作为未来太空能力发展的重点，通过“施里弗演习”“太空态势感知桌面演习”“太空旗帜演习”等太空军事演习持续强化实战能力的形成和发展，确保美军太空军事行动的有效性，为应对潜在太空冲突做好充分准备。

二、主要演习情况

美军主要太空军事演习以太空系统攻防对抗仿真评估为基础，采用数字仿真、半实物仿真、实装接入一体化设计，灵活设置模拟各种边界条件和作战场景，对作战模式、装备部署、作战规则、资源调度、指挥流程等进行推演，并开展部队实操训练，是部队尽快适应新的作战模式、快速形成战斗力的重要支撑，也是美国研究太空安全问题的重要手段。近年来，美军典型太空军事演习包括“施里弗演习”“太空态势感知桌面演习”“太空旗帜演习”等。

（一）“施里弗演习”

随着太空在国家安全与军事作战中地位和作用的日益提升，美军深刻意识到太空作战力量对于现代战争的重要性。为探索研究太空作战相关理论和检验太空装备运用，美军于 2001 年开创了“施里弗演习”。“施里弗演习”采取兵棋推演方式进行，以主要战略对手为假想敌，重点检验太空作战理论和航天创新概念，优化太空作战流程，发现太空力量运用过程中存在的薄弱环节，提出改进策略，从而提升太空力量运用能力。

“施里弗演习”由美国空军航天司令部下属的太空创新与发展中心负责实施，参加人员包括现役军官、退休将领、政府官员、太空问题专家、商业机构以及盟国的官员等。自创办以来，“施里弗演习”先后进行了11次，最近一次“施里弗演习”发生于2017年10月13日。此次演习设定场景在2027年，一个势均力敌的对手试图利用太空和网络太空能力实现其战略目标，并重点探索了太空系统在多域战中的作用。

通过举行“施里弗演习”，美军丰富和完善了太空威慑战略、太空作战条令、太空作战力量运用、太空发展策略等，催生出太空态势感知、作战响应太空、分散式太空体系等一系列新型航天能力与技术架构，成为太空作战能力建设的指示器，推动太空作战力量不断发展和突破。从系列“施里弗演习”可以看出，美军太空力量运用正由战略层面向战术层面拓展，更加注重通过体系化、分散化等措施增强太空系统抗毁和防护能力，同时也更加重视利用盟友和商业航天系统。

（二）“太空态势感知桌面演习”

“太空态势感知桌面演习”由美国战略司令部负责开展，参演国家包括英国、法国、德国、意大利、澳大利亚、加拿大、日本等同盟国家以及一些商业实体。

“太空态势感知桌面演习”自2014年创办以来先后进行了4次，最近一次“太空态势感知桌面演习”于2017年9月20日至29日举行，美军在此次演习中将“太空态势感知桌面演习”更名为“全球哨兵”演习，反映了太空态势感知国际合作的重要性。此次演习中，各参与国均设立了用以指挥和控制本国太空态势感知装备的太空作战中心。同时，演习中还设立了一个全面集成的“联盟太空作战中心”，用于对盟国太空态势感知装备进行一体化指挥与控制测试。

“太空态势感知桌面演习”的持续开展充分体现出国外主要航天国家期望通过改善太空态势感知能力，谋求共同太空安全的目标。美国战略司令部认为，“全球哨兵”太空态势感知桌面演习已成为美国及其盟国在太空领域开展战役战术级一体化指挥与控制的重要途径。

（三）“太空旗帜演习”

作为推进太空实战能力提升的又一重要举措，美国空军于2017年4月举行了首次“太空旗帜演习”，并于2017年8月举行第二次“太空旗帜演习”。

首次“太空旗帜演习”。2017年4月17日至20日期间，美国空军航天司令部组织了首次“太空旗帜演习”。参加首次“太空旗帜演习”的部门包括范登堡空军基地“联合太空作战中心”、施里弗空军基地“国家太空防御中心”、第50太空联队及第527太空进攻中队等。其中，国家太空防御中心由“跨部门联合太空作战中心”于2017年4月1日正式更名并正式投入运行。自成立伊始，“国家太空防御中心”就密集举行各类太空作战演习。该中心将作为未来太空战的运作机构，充分统筹国防部、情报部门和商业领域的力量，提升美军太空力量协同作战指挥能力，以更好地应对太空威胁。演习中，第50太空联队参与演习训练，与模拟“红军”的第527太空进攻中队展开对抗。

第二次“太空旗帜演习”。2017年8月25日，美国空军航天司令部在科罗拉多州波音幻影工作室虚拟作战中心成功进行了第二次“太空旗帜演习”。参加本次演习的部门包括第40太空联队、第50太空联队、第50网络行动小组、第460太空联队作战小组、第310作战小组、第137太空预警中队、“联合太空作战中心”和施里弗空军基地“国家太空防御中心”等。参加演习的人员接受了为期两天的任务规划、设计验证标准、攻击部队能力和综合部队任务概况的学习，第460作战小组指挥官和第50太空联队作战小组指挥官负责指挥蓝军，在整个演戏中提供了重要的反馈信息。第527和第26太空进攻中队扮演红军，通过模拟敌方能力和战术，扮演潜在对手。

“太空旗帜演习”借鉴了内华达州内利斯空军基地例行“红旗”军演（用于空战训练）中战斗机飞行员对抗的模式，更关注太空作战技战术训练，主要针对可能会在太空轨道发生的作战想定开展演练，旨在使作战人员通过模拟太空作战，更好地了解和理解对手形成的威胁，并以此规划任务，优化战役战术级太空作战管理和指控流程，并为相关能力的开发指明方向。随着“太空旗帜演习”系列军演逐步成熟，军事行动场景、威胁、环境及武器系统的建模仿真将更加真实。太空作战人员能在面对真实对手之前，参与激战，感受战斗力，从而丰富实战经验和能力。

三、作战演习分析

太空作战演习已成为美军检验太空攻防对抗实战能力，全面规划和发展太空军事能力的重要组成部分，也是美国维护太空领域战略利益的重要支撑。2017年，美军频繁开展太空作战演习，举行了一次“施里弗演习”、一次“太空态势感知桌面演习”和两次“太空旗帜演习”，特别是“太空旗帜演习”瞄准太空作战技能训练，表明美军在备战太空作战方面已进入实战操练阶段。

（一）构建兵棋推演与实战演练相结合的完备太空演习体系

“施里弗演习”以主要战略对手为假想敌，通过计算机建模、仿真等科学方法进行太空作战战略及战术级兵棋推演，重点检验太空作战理论和航天创新概念，优化太空作战流程，发现太空力量运用过程中存在的薄弱环节，提出应对和改进策略。不同于“施里弗演习”“太空旗帜演习”瞄准太空作战技能训练，面向基层作战人员，针对受训部队进行作战管理、指挥控制、系统操作和危机应对等训练。“太空旗帜演习”创办和举行进一步丰富了美军太空作战演习形式，表明美军在备战太空作战方面已进入实战操练阶段，其太空作战部队建设已从战略支援为主向攻防对抗实战能力方向拓展。两种太空作战演习模式相辅相成，推动美军太空作战演习体系不断完善和完备。

（二）推动太空作战与网络太空作战深度融合

随着太空和网络太空在现代战争中的战略地位日益凸显，美军将太空与网络太空定义为与陆、海、空并列的作战域。网络太空具有无处不在的特性，并不断与其他作战域进行集成与融合。在与太空域融合的探索过程中，“施里弗”演习扮演了重要角色。美军在“施里弗”－2009、“施里弗”－2010、“施里弗”－2012、“施里弗”－2014、“施里弗”－2015和“施里弗”－2016演习中均引入了网络太空作战，探索和检验了太空与网络太空作战集成环境下涉及的作战规划、指挥控制、太空态势感知信息、网络太空态势感知信息以及其他信息融合问题。通过以上几次“施里弗”太空战演习可以判断，美军高度重视太空与网络太空作战的集成，未来将继续探索在太空与网络太空融合基础上，太空与网络太空集成环境下有效的作战条令、作战概念、战术战法和作战规程。

（三）利用盟友和商业航天力量打造太空利益共同体

多年来，美军一直研究如何利用盟友和商业航天能力增强己方力量，并限制对手能力。在美国近年主导的几场局部战争中，美国大量使用盟友和商业航天系统为联合作战提供了大量信息。澳大利亚、加拿大、英国、德国、日本等多个盟国、国际组织和商业公司参与了多次“施里弗演习”和“太空态势感知桌面演习”。例如，“施里弗”－2015演整合利用情报机构、非军事机构、商业机构和盟友的能力，识别如何增强太空弹性。美军有选择地与盟国结成太空利益相关方，获取美国实施报复性打击时的国际支持。同时，未来联合作战中，商业航天系统将不仅为美军提供太空信息支持，还会进一步向商业在轨操作服务、太空态势感知、军用载荷商业搭载等应用方面拓展。

（四）重点推进太空态势感知能力提升

太空态势感知能力是洞察和掌控潜在对手航天活动意图与动向、确保太空资产安全的关键，是进行太空控制的基础和前提。美国在多次“施里弗演习”中以太空态势感知能力受创为想定场景，并于2014年开创太空态势感知领域的针对性演习——“太空态势感知桌面演习”，充分体现出美军对于太空态势感知能力的重视。尤其是在“太空态势感知桌面演习”中，美军重点从联合指挥、运用策略、技术机制等层面积极构建太空态势感知装备指挥与运用体系。“太空态势感知桌面演习”的持续开展充分体现出国外主要航天国家期望通过改善太空态势感知能力，谋求共同太空安全的目标。

（中国航天科工集团第二研究院二〇八所　张保庆）

2017 年 DARPA 应用建模仿真技术项目分析

半个多世纪以来，美国国防高级研究计划局（DARPA）以解决与国家安全相关的重大问题为使命，引领美国国防科技领域甚至整个国家的技术生态系统的发展方向，在推动维护国家安全的突破性技术转化方面发挥着举足轻重的作用，其卓越成就引发了世界瞩目和竞相模仿。从互联网、GPS、隐身飞机到人工智能、脑机接口……DARPA 创新史广泛影响并创造未来战争游戏规则。建模与仿真技术已成为 21 世纪认识和改造世界的重要手段，军用仿真系统为研究未来战争、设计未来装备、支撑战法评估、训法创新和装备论证提供有效手段，为训练、教育、决策、采办、概念开发、实验及其他领域提供有力支撑，已渗透到军事国防的各领域，成为 DARPA 开展相关项目研究的重要手段。

DARPA 基本任务是专事于“科技引领未来”，开拓新的国防科研领域，为解决中、远期国家安全问题提供高技术储备，研究分析具有潜在军事价值、风险大的新技术和高技术在军事上应用的可能性。其主要业务是开展基础性、先导性、颠覆性国防科研项目，项目分为基础研究、预先研究和应用研究，预先研究项目是主体。本文就 2017 年度 DARPA 开展的基础研究项目和军事研究项目中应用建模与仿真技术情况进行分析，通过这些分析试图探讨 DARPA 牵引未来科技发展及其投资方向。

一、基础研究项目应用情况及分析

DARPA 一直以来的核心工作是攻克那些表面上看来无法逾越的物理学和工程学难题，一旦实现突破，就可以直接将具备颠覆性的新技术、新能力用于国家安全需求。只有注重颠覆性技术背后基础科学上的建树，才能从根本上赢得战略对抗的主动与先机。为巩固专业领域优势，DARPA 通过应用复杂数学算法，构建计算机模型，通过仿真应用进行测试与验证，不断拓展研究领域。

1. 开发社会仿真系统以检验社会科学建模的准确性

2017 年 4 月 7 日，为了解社会科学建模的能力和局限性，DARPA 启动“真理根基”（Ground Truth）计划，旨在使用具有内置的“真理根基”因果规则社会体系仿真程序作为测试平台，来验证各种社会科学建模方法的准确性。“真理根基”将展示一种测试社会科学建模方法的能力及其局限性；探索一种新型建模方法，描述和预测不同类型的复杂社会系统；为研究和运营提供未来建模投资。

2. “量化物理系统的不确定性”项目推进可靠性验证

5 月 17 日，“量化物理系统的不确定性”（Enabling Quantification of Uncertainty in Physical Systems，EQUiPS）项目取得重大进展，通过开发数学工具和方法，应对大型复杂系统相关的挑战，并对建模和设计过程中每个步骤的不确定性进行了验证。这些研究有助于实现军用复杂系统的高效、稳健和可靠性设计。该项目于 2015 年启动，目前已完成第一阶段工作，能够证明干扰先进舰船和高超声速飞机发动机排气喷嘴性能预测的不确定因素。

通过 EQUiPS 项目，DARPA 正在彻底改变模拟、仿真物理世界及工程系统的方式。DARPA 的目标是使不确定性量化（Uncertainty Quantification，UQ）成为建模和仿真的一个易处理的部分，即使是最复杂的设计问题也能使用，且正在开发的数学工具可广泛应用于新的航空航天结构和前沿集成电路等领域。

3. “世界建模师”项目致力于缩短安全态势分析周期

11 月 30 日，DARPA 启动“世界建模师”（World Modelers）项目，研究使分析人员能够快速开发出分析国家安全态势模型的技术，预测类模型将能分析不同的场景和各种干预策略。该项目旨在减少检查问题、分析问题，提出解决方案的响应时间，以及编写报告所需的时间，2018 年年初开始，将初步审查区域粮食安全状况。为了实现这一目标，DARPA 将汇集新技术来解决实现“世界建模师”所需的各种技术，多数是基于高级领域的不可知论的机器阅读技术。

4. “战略机制设计基础”项目开发先进的作战仿真系统

10 月 27 日，DARPA 为了获取战略评估和管理国家与非国家行为的能力，启动“战略机制设计基础”项目，以便对战略机制进行实际设计和评估。战略机制的开发需要整合博弈论、行为经济学、计算机科学和人工智能方面的最新进展。但问题是，游戏奖励理性行为，如玩家得分最大化，而国家行为往往是不理性的。DARPA 研究人员想知道，人工智能和社会科学等领域的进步能否逼真地模拟非理性行为，因此正在积极推进先进作战仿真系统的开发研究。

2017 年 DARPA 在基础研究方面的 4 个项目反映其对模拟、仿真物理世界和社会科学的关注，2017 年 CB Insights 总结影响世界的十大颠覆性领域之一就是大规模仿真，即对物理世界的仿真。另外，三个项目涉及人类行为的计算机建模，即 2015 年美国国防部发布的六大颠覆性基础研究领域之一，在一定程度上反映 DARPA 对未来科技发展及投资方向的牵引，其对基础型创新研究的重视，扩展仿真技术应用领域，是保持仿真技术先进性的基础。

二、军事研究项目应用情况及分析

DARPA 作为国防部内具有特殊作用的部门，其关注对象是未来长远的军事能力。因此，在需求形成、技术突破、项目研究等方面非常重视挖掘整个社会的智慧创意，通过灵活多样的技术活动，汇集全社会力量推动创新。同时，将最具创新性和最有前景的新想法应用于军事领域或整个社会，并致力于将创新想法或原型推向成熟，将理论和演示推向实用。凭借着独立评估需求所收获的对前沿技术的高度敏感性，辅之以科学的管理模式、高效的执行机构及严格的评审机制，DARPA 锁定了许多高风险、高价值、高收益的项目，始终将精力放在对未来的探索上，确保了创新成果的不断涌现。

（一）为未来战争提供提供有效手段

DARPA 虽然归属于美国国防部，但却独立于各军种且不以满足军方的现实需求为目标，而是以感知军方的未来潜在需求，探索国防科技的新概念而著称。2017 年，DARPA 通过三个项目对未来战争进行探索研究，军用建模与仿真技术已成为服务新的军事理论和作战思想的有效工具之一。

1. 赢得未来冲突的“马赛克战”战略

8 月4 日，DARPA 战略技术办公室提出旨在赢得或慑止未来冲突的武器系统发展新思路——“马赛克战”（Mosaic Warfare），即通过对各种传感器、多域指控节点、有人与无人平台的快速和灵活有效集成，对敌形成新的不对称优势。DARPA 目前正在开展一些项目，研发有助于实现“马赛克战”架构的技术。其中，“复杂适应性系统组合与设计环境”项目将解决现有及新系统的组合问题；“体系集成技术与实验”项目侧重于对各种不同系统进行集成以实现协同工作；“分布式作战管理”及“对抗环境中的弹性同步规划和评估”项目将解决作战管理指挥控制问题；“对抗环境下的通信”及“任务优化动态适应网络”项目专注于无缝、适应性的通信和网络。为进一步促成该愿景，战略技术办公室还确定了实现下一代可组合“效果网”的兴趣领域：态势理解、多域机动、混合效应、体系、海上系统、体系增强小单元以及基础战略技术与系统。多数项目中应用建模与仿真技术，如“复杂适应性系统组合与设计环境”项目中实现机载系统概念的建模和设计、“分布式作战管理”验证软件在虚拟仿真与仿真战斗中的能力等。从侧面反映出建模仿真技术已成为 DARPA 开展相关项目研究的重要手段。

2. 寻求敏捷精确作战中用于多尺度模拟的创新概念

4 月 11 日，DARPA 战略技术办公室发布信息征询书，利用商业游戏技术，评估动态可组合的分布式作战概念在城市作战环境中武器联合和多域作战效能，从而实现创新的任务组织和战术策略使用。DARPA 认为，未来美军远征及城市作战的可能性愈发突出。为适应动态的战争空间环境，实现战术和战略目标，需要定义与探索可扩展和适应性方法以应对面临的各类挑战。“敏捷精确作战”概念是围绕海军陆战队组建。考虑人为因素，用于评估技术对作战发展影响的方案主要是军事演习以及在各类小型单元上开展广泛的试验测试。实体级建设性仿真平台适用于指挥层级的决策制定（类似实时战略游戏），并适用于评估系统的性能，但不适用于评估以人类为中心的海洋作战适应性。这些作战模拟概念利用城市现有和假设的新功能的组合环境，可以在发现敏捷精确作战新概念方面取得突破。

3. 发布“远征城市环境适应性作战测试平台原型”项目公告

6 月15 日，DARPA 启动“远征城市环境适应性作战测试平台原型”（Prototype Resilient Operations Testbed for Expeditionary Urban Scenarios，PROTEUS）项目，旨在研发先进的作战管理、指挥控制软件，同时为探索未来远征作战新概念研发交互式虚拟环境，保持美国在未来作战环境中的军事优势。DARPA 将在未来 3 年内为该项目投资约 5000 万美元。DARPA 通过 PROTEUS 项目发展功能先进的数字化工具，以探索新的城市作战概念，重点为被视为未来最有可能发展战争的沿海城市探索作战概念。PROTEUS 项目包括：①为实时动态指挥控制、武器/平台调用、战术规划开发软件；②研发虚拟测试环境，用以模拟联合部队在复杂城市作战环境下的作战；③在虚拟测试环境下模拟友军、模拟对手开展演练，演示动态组建小编队的能力以及演示如何实现最佳作战效能。

后两个项目充分反映 DARPA 对未来战争的预测：城市特别是大型城市将成为未来武装冲突的主战场，通过项目研究成果为美军做好战备准备、完善训练设施和战术条令等方面提供有力支撑。

（二）为军事技术研究提供演示验证手段

科技创新是军事革命的基本动因，每一次军事革命的发生，都是源于科学技术的巨大进步。颠覆性技术在实战中所展现出的特征只是技术创新的冰山一角，而颠覆性的军事影响却预示着未来作战样式的发展趋势。DARPA 在技术创新上具有很强的前瞻性，其项目的研发不但蕴含了对技术发展走向的预见，也反映出对未来军事作战的超前判断。

1. 进攻性蜂群使能战术

1 月 27 日，“进攻性蜂群使能战术”（OFFensive Swarm - Enabled Tactics，OFFSET）项目公告披露了更多细节。DARPA 设想了一种利用增强现实、虚拟现实等游戏技术，以及手势、触摸和触感界面来指挥蜂群的系统。DARPA 希望利用 Unity 3D、Unreal 等游戏开发平台软件来创建虚拟但真实的蜂群作战场景；并建立类似游戏世界的社群交互，鼓励用户提交高质量的蜂群战术。

2. 用视频游戏训练未来战争的指挥官

DARPA 展望未来战争就像视频游戏，目前正在通过计算机游戏来训练未来的军事战略家。4 月 18 日，国防科学办公室发布征求多分辨率的互动创新军演仿真软件，旨在用可升级扩展、互动游戏、战争游戏的方法，利用虚拟时空的广度和跨度，对竞争结果和策略使用进行评估。DARPA 希望利用电子军事游戏来提高军事指挥官在作战中的战略意识，尤其是在有众多玩家参与的环境中，包括可扩展的互动游戏和战争游戏。此次征集电子军事游戏的目标是提高国防部的军演水平。

3. “标记”（Hallmark）项目

11 月 14 日，DARPA 向 BAE 系统公司授予价值高达 1280 万美元的合同，用于开发数字化实验室，支持美军快速评估和整合太空指挥和控制技术。该项目称为“标记”，将建立一个虚拟的太空战区，协助美军指挥官更好地了解太空环境和潜在的威胁，并开展多域作战。未来，DARPA 希望实现“针对复杂的新兴威胁的太空指挥与控制技术测试的真实场景演习”。

这三个项目均是设想构建逼真的虚拟场景达到对作战环境的模拟，在模拟的作战环境中实践对操作技能训练、军事训练、军事作战演习训练、战法研究演练等全过程的仿真训练，以期达到与实训一致的效果。这也是未来仿真训练的发展趋势。

（三）为多种形式活动提供技术手段

DARPA 通过举办各类工业日、开放日、提议日、发布综合性部局通告、各类竞赛等活动，公开征集最新创意，吸引社会各界广泛参与创新实践。DARPA 的每次竞赛活动都有明确主题，意图解决技术领域难题，2017 年通过在“军校蜂群挑战”“频谱合作挑战赛”“可靠自主性”和在线社会行为计算仿真计划等项目中应用建模与仿真技术，解决无人机蜂群攻防策略、电磁频谱领域、可靠自主性及模拟信息传播和演变等方面的问题，加速新技术、新理论、新思想在军事领域的应用。

1. “军校蜂群挑战”项目举行“现场夺旗”比赛

4 月23 日，DARPA 设立“军校蜂群挑战”项目，实验旨在鼓励军校生研发小型无人机蜂群创新性进攻和防御策略。这样类似活动还有如2014 年的军队院校创新挑战赛（Service Academy Innovation Challenge）以及2015 年的军队院校网络风险比赛（Service Academies Cyber Stakes）。“军校蜂群挑战”通过策略游戏“夺旗”来测试前沿性蜂群策略。比赛中空对空“标签”得分是使用模拟（虚拟）武器击中对方飞行中的无人机传感器。

2. “频谱合作挑战赛”启用新型电磁频谱电子模拟器

4 月21 日，为期3 年的“频谱合作挑战赛”启用下一代电磁频谱电子模拟器“罗马竞技场”。竞争选手可利用“罗马竞技场”作为试验台，为访问军用和民用领域电磁频谱的利用与管理创立新模式。“罗马竞技场”试验台是一个 256×256 信道的射频信道模拟器，可实时计算和模拟 256 个无线设备中超过 65000 个信道的交互。该模拟器能够使“软件定义无线电”在模拟的开放场地、密集城市、郊区购物中心、沙漠或者任何其他场景中运行。

3. 举行“可靠自主性”项目“提案者日”活动

过去10年，受益于传感器与驱动器技术、计算技术、控制理论、设计方法与工具、建模及仿真技术等领域的创新，在建设具有自主能力的“信息物理系统”（Cyber Physical Systems，CPS）方面DARPA已取得巨大进步。DARPA信息创新办公室于8月15日主办“可靠自主性”项目“提案者日”活动，目的是让参与者知悉DARPA期望在设计、集成及验证/试验技术上进行改进，以确保“学习使能的自主信息物理系统”（Learning－enabled Autonomous Cyber－physical Systems，LAS）的长期可靠性。其中涉及应用创新的多领域建模方法来表现LAS，这将为可靠性案例的创建、验证、模拟及试验创造新的途径。

4. 利用计算机仿真社交媒体提案来消灭敌人虚假宣传

2月7日，DARPA发布在线社会行为计算仿真（Computational Simulation of Online Social Behavior，SocialSim）计划提案，寻找新的方法，使用计算机仿真来研究在线环境中信息的传播和演变。如果能够准确地和大规模地模拟在线信息的传播和演变，就能够更深入地了解对手互联网使用情况。SocialSim计划有三个部分：仿真、数据配置和仿真测试和测量。仿真开发可以模拟在线信息传播和演变的技术。数据配置为仿真开发、测试和评估提供支持数据的开发方法。仿真测试和测量将评估新仿真技术的准确性和可扩展性。

三、结束语

近60年来，DARPA是世界上最著名的引领颠覆性技术创新的机构，从成立之初的太空任务，到全球卫星定位系统、隐身飞机及互联网，DARPA

骄人成就的取得使其在填补美军技术空白、引领世界技术潮流上扮演着日趋重要的角色。国家安全领域是对科技前沿感知最敏感的领域，创新则生，守旧则死，必须拥有强烈的危机意识。从 2017 年 DARPA 应用建模与仿真技术项目分析中可以管中窥豹，通过对基础研究、未来战争研究、军事技术研究等方面分析来反映未来军事超前预判，为研究人员提供有益参考。

（中国航天科工集团第二研究院二〇八所　李莉）

FULU

附 录

2017年军用建模仿真领域发展大事记

TUM开发新仿真软件 2017年1月2日，德国慕尼黑工业大学正在开发新的仿真软件，以改善针对极端飞行条件下直升机飞行员的训练。移动船舶造成的空气扰动和当地突然风速的变化被称为“船舶尾流分布流”。这些变化不断通过波浪作用和脉动流条件而持续变化，并且湍流也发生在甲板、桥梁和其他船舶结构附近，当直升机接近船舶时，这些空气流和由转子产生的流之间存在干扰。靠近山坡或靠近高层建筑物的条件同样复杂。在这些情况下，直升机的飞行特性受复杂的、重叠的空气动力效应影响。该仿真软件使用流体力学和飞行动力学的实时计算分析，让飞行员立即感受到局部气流对直升机的影响，以克服当前飞行仿真器不能充分反映靠近大物体现实的飞行的事实。该软件还提供飞行员在无压力的情况下尝试控制运动的效果。

新星系统公司与SEA开展仿真训练方面合作 2017年1月11日，新星系统公司（Nova Systems）与SEA合作，首次提供舰基航空兵作战训练解决方案。新星系统公司将采用SEA Decksim三维虚拟环境，以提高其舰基航空兵一体化产品。新星系统公司的测试和评估服务结合试飞员的经验与试飞工程师的专业知识。该公司已成为澳大利亚、英国、新加坡和挪威的船舶、固定翼、旋转和无人机采购计划的一部分。新星系统公司最近完成了有关定义未来英国国防部旋翼机仿真器项目需求的工作，并参与了定义未来仿真器互操作性标准的工作。在澳大利亚，该公司完成了 KC－30A 多角色油轮运输仿真器、爱丁堡的 AP－3C“猎户座”仿真器和安伯利的 F／A－18F“超级大黄蜂”战术作战飞行训练器资格认证工作。

美军进行基于脑机接口的飞行仿真控制试验研究 2017 年 1 月 15 日，在美国国防高级研究计划局“革命性假肢项目”的资助下，约翰霍普金斯大学进行了基于脑机接口的飞行仿真控制试验研究，该项研究的最终目的是确定研究人员开发的脑机接口系统在飞行仿真器环境中能否灵活地控制飞机。为了确定一个通用的脑机接口飞行仿真控制范式，研究人员假定他们设定的控制范式能应用于电子竞技类游戏的控制、轮椅移动以及飞行控制等其他场景。因此，为了做到最好的飞行控制，该飞行仿真控制试验包括6 个部分，每个部分都能对设计参数进行修改，最后通过定量评估的方法确定操控对象执行既定爬升、保持路线飞行、避免控制失误等动作。试验结尾阶段，在采用直观控制范式的情况下，测试对象在不同的场景中能成功驾驶喷气式飞机和螺旋桨飞机，试验设定的目标能成功完成飞行控制任务。

美国海军研究局训练技术提高士兵快速决策能力 2017 年 1 月 17 日，美国海军研究局报道，战场指挥官在面对很多场景时需要快速知情决策，包括攻击敌占区、疏散受伤士兵、熟悉地形等。为增强这种决策能力，尤其是小股部队的指挥官的决策能力，美国海军陆战队 6 团 2 营最近举行了为期一周的“斯巴达新兴技术与创新周”演习，又称为“斯巴达周”。演习期间，士兵使用了多种 ONR 资助研发的技术，包括交互式战术决策游戏（I－

TDG）、增强沉浸式团队训练系统（AITT）以及基于四旋翼无人机的地形快速测量与建模。另外，为了快速开发地形模型以支持这些技术，海军陆战队正在接受训练掌握操作基于四轴飞行器的地形测绘系统。这些技术帮助陆战队士兵在安全的课堂环境遂行多种仿真任务。

泰勒斯公司升级陆军训练仪器 2017 年 1 月 20 日，据法国国防采购局（DGA）合同，泰勒斯公司和 RUAG Defense 公司为法国陆军现役战斗训练中心升级仪器。新塞尔贝尔仪表化战术作战仿真系统将使联合任务部队训练条件非常接近作战部署中遇到的条件。该系统为 2000 多名受训者（如步兵和装甲车）提供跟踪和仿真工具。作战人员配备激光发射器和接收器来模拟武器射击和射击效果。高性能的定位系统（精确到建筑物内 1 厘米内）通过高速数据网络中可以近实时地报告位置和参与情况。泰勒斯公司还将为战术情境跟踪和战斗监督提供专用通信基础设施，该系统包括后行动审查功能，以便在任务战斗阶段后分析集体或个人演习。新系统将安装在法国锡索讷陆军基地进行城市战斗训练和开阔地形训练。

Aldec 公司为验证安全关键性 FPGA 提供有限状态机覆盖 2017 年 1 月 20 日，美国内华达州 Aldec 公司推出混合语言现场可编程门阵列（FPGA）设计和仿真平台 Active - HDL10.4 的最新版本，为 FPGA 工程师开发安全关键性 FPGA 提供有限状态机（FSM）覆盖。Aldec 公司的验证工具作为重要补充，可以通过使用推荐的 FSM 覆盖来缓解验证工程师面对用于安全关键应用领域的 FPGA 必须在所有可预见的环境条件下可靠工作的压力。FSM 覆盖允许用户能够确定在状态机的图中哪些状态和转换在模拟过程中执行。Active - HDL 是 FPGA 专用工具，这是基于 HDL 的 FPGA 设计和仿真解决方案，支持所有领先的 FPGA 供应商提供的最新 FPGA 设备。

英国国防部发布虚拟训练合同 2017 年 1 月 31 日，英国国防部授予美国国家安全委员会（NSC）一份为期5 年的主要合同，NSC 将继续为英国军队提供虚拟训练，合同价值约400 万英镑。该合同的前身是英国国防部非常成功的联合作战行动虚拟环境（Op JCOVE）项目。合同提供给陆军基于班组的虚拟训练（UBVT）能力，仿真专家将管理各种各样的演习，旨在为未来的行动准备常规和后备人员。该项目是真实演练的有益补充，并非取代真实演练，UBVT 将在逼真的合成环境中使班组集体实践火力和对抗演习、指挥控制、战术、技术和程序，从而在现场训练中获得更大的收益。UBVT 利用国防部防御虚拟仿真，它由波西米亚交互式虚拟战场3 提供。根据合同条款，NSC 还将建立一个物理的和虚拟的 UBVT 卓越中心来跟踪培训趋势，并在军队中分享成功经验实践，确保集体训练技术的持续改进。

作战演习表明北约需要加强波罗的海防务工作 2017 年1 月31 日，简氏防务周刊报道，由卡西米尔·普拉斯基基金会防务与安全智库在华沙举办的为期4 天的多阶段仿真作战演习的结果表明，如果北约联盟要执行好波罗的海北方前线的防御任务，还需要开展更多的工作。该演习利用“霸权”计算机程序开展作战演习，模拟了俄罗斯对波罗的海地区发动的袭击。“霸权”演习曾在2016 年开展过几次，包括：波罗的海国防大学；华盛顿与国防专员；总部设在英国的盟军快速反应部队（ARRC）；拉脱维亚联合参谋部。

美国国防部作战试验鉴定局发布《2016 财年年度报告》 2017 年1 月，美国国防部作战试验鉴定局局长迈克尔·吉尔莫发布《作战试验鉴定局2016 财年年度报告》。报告共532 页，详细介绍了2016 财年美国国防部和军种武器装备作战试验项目情况、实弹射击试验鉴定项目情况、网络安全相关情况以及试验资源建设情况等内容。为了规范网络安全作战试验鉴定工作，作战试验鉴定局建议充分运用仿真能力、形成封闭环境和建设网络靶场以模拟真实的网络攻击，使用网络靶场或实验室开展对抗性网络安全作战试验。近年来，美军通过整合国家网络靶场、国防部网络安全靶场、联合信息战靶场以及联合参谋部 J－6 部门（负责通信和计算机）的指挥、控制、通信与计算机评估分部，形成了“国防部企业级网络靶场环境”。通过评估美军作战试验资源，作战试验鉴定局强调应加强以下几个方面试验资源建设：网络安全“红军”及能力缺陷、空间系统作战试验鉴定威胁、高海拔电磁脉冲试验能力、电子战试验资源改进、第五代航空靶标、自防御试验舰等。

北约任务组致力于“低慢小威胁的建模与仿真”工作 2017 年 2 月 7 日，北约建模与仿真协调办公室开始了一项专注于低慢小（LSS）高空作战平台的威胁活动。无人机已经成为目前关注的重点威胁之一。“伊斯兰国”（IS）运用无人机来监视地形，控制埋伏的攻击，并为汽车炸弹选择行程——所有这些都是实时的。虽然这些设备目前仅具有有限的自主权和有效载荷，但是未来的无人机将能够执行更加冒险的攻击，包括喷洒化学和生物制剂。为此，新任务组将分析商用 LSS 飞行器的信息，并根据不同类型的探测器对飞行行为和特征定义不同的模型。最后的结果应该有助于设计对抗威胁的 LSS 系统。在 2017 年鹿特丹举办的军事仿真、训练和教育国际论坛（ITEC）（2017 年 5 月 16 日至 18 日）上，新任工作组召开了第一次会议。

北约协作支援办公室强调数据耕种的重要性 2017 年 2 月 7 日，北约协作支援办公室发布数据耕种的重要进展。数据耕种的过程是通过回答当前未解决的问题来支持决策者的决策。北约任务小组 MSG－124 利用该技术在作战防御计划和网络防御进行决策支持工作。一个小组开发了数据耕种决策支持工具 DFTOP，该工具为作战规划提供原始数据，作战分析师依据这些数据为决策人员设计分析模块、交互可能性和可视化模块，决策人员只需要面对可视化的结果。MSG－124 的网络防御专家使用数据耕种技术来探索提高北约网络攻击快速恢复能力的解决方案，开发了一种名为 DACDAM 的基于 Agent 的数据可耕种可操作的网络防御模型，该模型易于分发和共享，并允许数据和过程不分类建模。这两种工具都可以一起使用——DACDAM 的输出可以反馈到 DFTOP 来分析、比较和完善网络课程的操作。在 2017 联盟战士互操作演习（CWIX）中工作组将展示迄今为止取得的成果。

美、日第一次 SM－3 Block IIA 拦截测试中 APL 起关键作用 2017 年 2 月 7 日，美国导弹防御局网站报道，约翰霍普金斯大学应用物理实验室（APL）的工程师与美国导弹防御局（MDA）、日本国防部和美国海军“约翰·保罗·琼斯号”驱逐舰（DDG－53）合作，2 月 3 日在夏威夷西海岸的飞行测试中，使用新的“标准”－3（SM－3）Block ⅡA 导弹在首次实弹拦截中发挥了关键作用：APL 主导了“端到端”系统级性能分析。APL 对武器和导弹系统的高保真度建模和仿真提供了关键的性能预测，以规划和安全地执行这个复杂的飞行测试。作为“宙斯盾”弹道导弹防御的技术指导代理，APL 是整个系统工程生命周期的重要组成部分，包括对舰队的 BMD 能力的测试和转换。

DARPA 利用计算机仿真社交媒体来消灭敌人虚假宣传 2017 年 2 月 7 日，美国军事研究人员正在要求业界采用计算机仿真的新方法研究如何通过社交媒体在线传播信息，即在线社会行为计算仿真（SocialSim）计划，以此来消除敌人的谣言和宣传。如果能够准确地和大规模地模拟在线信息的传播和演变，就能够更深入地了解对手互联网使用情况，将有助于分析敌人的战略性假情报活动，在救灾行动中向当地居民提供关键信息，并可能有助于网络上的其他网络战和网络安全任务。SocialSim 寻求开发能够模拟在线信息传播和演变的技术，这些技术可以从数千到数千万不等的目标人群中进行；开发方法为仿真开发、测试和测量提供支持数据；并开发评估在线信息传播和演化仿真的准确性和可扩展性的方法和指标。DARPA SocialSim 计划有三个部分：仿真、数据配置和仿真测试和测量。仿真将开发可以模拟在线信息传播和演变的技术；数据配置将为仿真开发、测试和评估提供支持数据的开发方法；仿真测试和测量将评估新仿真技术的准确性和可扩展性。

俄罗斯波罗的海舰队进行 S－400 防空系统演习 2017 年 2 月 8 日，太空战争网站报道，波罗的海舰队在加里宁格勒地区进行了防空演习，此次演习使用最新 S－400 防空系统对抗模拟出的敌方大规模攻击，并摧毁了 30 多个目标。同时，俄罗斯空天防御部队第一防空反导部队导弹防御部门的主管表示，俄罗斯正在打造一体化国家防空系统，一旦最为先进的 S－500 “普罗米修斯”（也称为 55R6M “凯旋” －M）地空导弹系统开始服役，该系统将全面投入运行。

2017 年 MDA 开展“爱国者”与“宙斯盾”联合弹道导弹防御试验 2017 年 2 月 9 日，简氏防务周刊报道，美国陆军和导弹防御局（MDA）年底进行“爱国者”导弹防御与“宙斯盾”弹道导弹防御系统联合开展地面与飞行试验，以演示验证互操作性并收集用以验证建模于仿真的数据。该联合试验是建立在“爱国者”加速部署体系（PDB）8.0 作战飞行试验的基础之上的。该试验计划在夸贾林岛开展，“爱国者”和“宙斯盾”弹道导弹防御系统将通过 Link－16 来仿真一种作战通信体系结构。雷声公司的“爱国者”PDB 8.0 系统目前正在进行初始作战试验与评估。该系统采用了改进的软件和硬件，以提高“爱国者”摧毁各类威胁的能力，并识别友军和敌军飞机的区别。美国陆军和 MDA 通过使用“爱国者”与“宙斯盾”硬件在回路实验室定期开展试验以支持综合主试验计划（IMTP）地面试验计划。

CyberCENTS 公司更新网络攻击仿真技术　2017 年 2 月 14 日，Metova CyberCENTS 公司更新业界领先的网络攻击仿真及其仿真技术 SLAM－R©。SLAM－R 为网络保护和网络作战人员提供了一个无风险的持续培训环境，他们可以在离线网络上模拟自身的环境风险来训练和锻炼进攻性和防御性的措施并取证。SLAM－R 是一个软件应用程序套件，为完全沉浸式的网络操作训练和测试环境提供必要的虚拟和仿真元素，并提供与现实世界网络运营中心、任务伙伴网络和全球互联网环境所需要的各项功能和效果。此外，SLAM－R 还具备创建和执行复杂的基于场景的网络攻击事件的能力。SLAM－R 2.8 版本提供了许多新功能和更新，包括导入和导出虚拟机、支持多磁盘虚拟机、全球流量跟踪器、更新攻击库、更新图形用户界面及多个内容更新。

雷声公司开发新型战争评估工具　2017 年 2 月 16 日，太空战网站报道，雷声公司正在发展一个自动化评估系统，用于判断 21 世纪武器装备在战争场景中的有效性。该工具开发受到了美国导弹防御局的委托，将自主地指导战争参与者在任一可能战争场景中选择所使用的武器，包括导弹、动能拦截弹、网络和电子战武器等。该项目为“协同网络/电子战集成火力项目”（CCEWIF），将通过分析来评估在战争场景中多种武器综合运用决策的成功概率。雷声公司预期在 2018 年初提交 CCEWIF 作战工具的初始版本。CCEWIF 系统将采用有关威胁目标和武器装备的真实数据来进行仿真，以确保复现战场真实场景。雷声公司的数学基础将为提高取胜概率并预测战场毁伤提供支持。

美国海军尝试利用增强现实提高射击指挥效率　2017 年 2 月 17 日，美国海军成功地演示了一种新的指挥通信原型系统 GunnAR，采用增强现实技术从舰船的射击联络官处产生目视提示，以易于解释的方式向操控舰炮的炮手提供视觉形式。美国海军空间和海上战系统太平洋中心作战空间混合现实利用实验室与 DAQRI 增强现实技术公司进行合作开发。增强现实解决方案则通过由头盔传达清晰的视觉信号，解决了声音混乱的问题。目前，上述头盔仍处于样机开发阶段，正在与美国海军作战空间混合现实利用实验室的 360°训练场景等其他的混合现实研究工作同步推进。GunnerAR 系统在 2017 年 6 月举办的“三叉戟勇士”演习中进行下一次演示。

第八届 MSaaS 举行会议研讨快速部署可互操作和可信的仿真环境

2017 年 2 月 20 日至 24 日，北约建模与仿真中心（M&S COE）主办北约科技组织/北约建模与仿真组 MSG－136“建模仿真即服务”（MSaaS）会议，会议主题为快速部署可互操作和可信的仿真环境。MSG－136 的目标是调查、提出和评估 MSaaS 方法的标准、协议、架构、实施和成本效益分析。具体来说，关于评估 M&S 领域服务的使用，以提高仿真互操作性和可信度，并分析组织 M&S 服务的观点，建立可持续高效管理的北约 M&S 服务。MSG－136 与会者完成了 MSaaS 操作概念文档和 MSaaS 治理概念（AMSP－02）的第一个完整草案的起草，未来的规划和最终的演示活动在北约 CAX 论坛 2017 和跨军种/工业界训练、仿真与教育会议（I/ITSEC）2017 举行。

美国海军增加更多的虚拟桌面基础设施　2017 年 2 月 21 日，美国防务系统网站报道，两名美国海军科学家正研制一项基于云的平台，该平台允许科学家和工程师以更低的计算成本加速研究和实验。美国海军称，虚拟创新和研发实验室（VIRL）即将问世。该实验室是一个虚拟计算机集群，设计用于托管 25 个应用程序，帮助工作人员和个人研发者开展海军创新科学和工程方面的研究。如果成功的话，美国海军称，2018 财年，VIRL 的用户将达到250个。每台终端费用将降低200~300美元。零客户也更容易管理，开发软件更新和补丁更便宜。软件基准具有较小的安全足迹，比传统的信息技术基础设施更安全。

美国海军研究实验室在模拟空战试验中运用无人机“僚机”技术

2017年2月22日，美国海军研究实验室网站报道，美国海军研究实验室（NRL）的海军人工智能应用研究中心（NCARAI）联合美国海军航空系统司令部（NAVAIR）和美国空军研究实验室（AFRL）的力量，正在继续发展NRL研制的“战术作战管理器”（TBM）。TBM采用了目标推理智能体，理顺了有人机和无人机空战编组内的跨平台协调，以便在强对抗环境中操作。它允许人类操作员通过协调它们的分目标/总目标来管理编组中的多架无人机。NRL的团队将TBM集成到了AFRL的“用于仿真、集成和建模的分析框架”（AFSIM）和NAVAIR的“下一代威胁系统”（NGTS）中。AFSIM和NGTS都是高保真的超视距任务仿真器，对空中、陆地和海面平台（包括武器和子系统）进行了建模，被飞行员们在虚拟训练和试验系统中日常性使用。

第一台KC-135仿真器已授权在美国空军分布式培训中心网络上运行

2017年2月22日，美国空军KC-135机组训练系统（ATS）项目已获得授权在美国空军分布式培训中心网络（DTCN）授权运行。第一台KC-135作战飞行训练器（OFT）由斯科特空军基地（AFB）授权运行，另外的KC-135 ATS网站，包括March空军预备役基地、Fairchild AFB、Grissom ARB和MacDill AFB，预计将在2017年和2018年逐步过渡到DTCN。在DTCN上进行操作的授权意味着KC-135机组人员的训练设备可以联网并连接到其他机动空军（MAF）平台，因此美国空军可以在一个安全的、分级网络上进行实况—虚拟—构造（LVC）训练。

美国空军2017年度首场“红旗”演习中演示网络化的情监侦能力

2017年2月27日，美国《空军》杂志网站报道，内华达州内利斯空军基地举行2017年首场“红旗”演习（Red Flag 17－1），美国空军演示了许多新的信息搜集和目标瞄准操作程序，这将帮助该军种实现更加网络化的情监侦（ISR）和战场空间。本次演习中，美国空军首次将“网络中心合作式瞄准”（NCCT）的运用作为目标，NCCT的操作者们被纳入了本次演习的合成空中作战中心（CAOC）。控制员们还首次利用了合作式地理空间定位，该技术是一种“机对机”的流程，利用来自两个或更多平台的传感器数据来更快地定位和跟踪目标。这些在“红旗”演习中首次演示的ISR能力，显示出美国空军领导层（他们认为网络化是未来空中战场的核心）对网络化的重视和支持超过了对单个系统的能力。

澳大利亚国防部推进联合项目9711　2017年2月28日，澳大利亚国防部联合项目9711国防核心仿真能力项目向前迈出了第一步，联邦政府要求在3月5日前提供信息请求（RFI）。对该项目表现出初步兴趣的三支队伍有：诺斯罗普·格鲁曼（Northrop Grumman）团队包括CAE、立方全球防务公司和CSC团队；洛克希德·马丁公司领导的Calytrix和NEC团队；泰勒斯（Thales）团队包括BAE系统公司和通用动力（General Dynamics）公司。从本质上讲，JP 9711要求开发网络培训能力，允许澳大利亚国防军（ADF）在全国基础设施上对仿真器进行网络仿真，从简单的建设性仿真到更复杂的LVC场景构建。该项目还需要进入美国仿真网络进行联合军演的能力。目前的计划将使三家竞标者在今年年中减少到两家，最终胜出者将在2018年春季选出。

罗克韦尔·柯林斯推出聚结混合现实系统　2017年2月28日，罗克韦尔·柯林斯公司推出其聚结混合现实系统，该系统将用户封装在一个虚拟和增强的环境中，用于空中、陆地或海上任务。聚结合并是将真实世界与合成环境相结合，提供了一个无缝增强的混合现实——该公司表示这是国防训练行业的首创。这种混合现实为学员提供了沉浸式和吸引人的训练场景，以便更快地学习和更有效地训练。该解决方案提供较低总体系统延迟，以避免眩晕感。罗克韦尔·柯林斯公司未来的工作重点集中在增加深度感应技术，增加位置跟踪量以及技术更新，以保持最新的商业头盔显示器的发展。该系统今年推出，预计在2018年投产。

英国增强CATT培训能力 2017年3月1日，英国陆军为联合作战战术训练系统（CATT）提出了未来的愿望清单。该服务正在寻求将当前和未来的无人机的整合，从MQ－1“捕食者”到手动发射的“沙漠鹰”的整合；列入新的电子战能力；快速数据库制作和编辑；每天24小时不间断运行的能力——目前的CATT运行时间只有8个小时。此外，训练也越来越多地围绕着任务排练。这意味着需要快速的数据库制作和编辑来创建精确的仿真任务。CATT设施连接了140个载人仿真器和70个车载仿真器，还有70个通用汽车仿真器。CATT总部位于英国Warminster的陆战中心。

洛克希德·马丁澳大利亚公司开放演示中心 2017年3月2日，澳大利亚国防军目前正在进行包括杰里科计划、空军项目6500和联合项目9711一系列的项目，以增强网络和综合防御能力。对于工业和指挥官来说，面临的挑战是设想这些不同的平台如何协同运作，以作为国防的综合力量倍增器。洛克希德·马丁澳大利亚公司将在其位于堪培拉的新总部开设示范中心，这是澳大利亚第一次建立这样的大型设施。该公司表示，计划于2017年夏天上线的新900米^{2}的示范中心，该中心将与洛克希德·马丁公司在维吉尼亚的“灯塔”创新中心以及位于墨尔本的新科技、工程和领导力研究实验室（STELaRLab）联系在一起，并提供洛克希德·马丁公司其他实验室的虚拟和实体接口。新的演示中心将由业务分析和建模与仿真专家组成，并允许工业和国防人员共同“探索解决最复杂的挑战”。通过使用网络和虚拟建模，该中心可以探索一系列“假设”的场景，以探索防御设备在一起运作的最佳方式，测试新想法、分析概念并协作开发解决方案。

哈里斯公司聚焦混合电子战和光学战的光谱战争技术 2017 年 3 月 2 日，军事与航空航天网站报道，哈里斯公司的研究人员正在致力于研究电子战、光学战争和网络战争的先进技术，以寻找将这些技术快速集成到美国军事武器系统的方法。美国空军研究实验室宣布向哈里斯公司电子系统部门（原 ITT Exelis）授予价值 2490 万美元的合同，用于综合演示和应用实验室（IDAL）研究计划，预计 2021 年 2 月完成。这项研究计划旨在研究领先的频谱战争技术及应用，使用多光谱合成战场仿真来集成传感器和电子战技术，识别和解决技术问题和风险，展示技术应用和优势，以及执行快速技术插入和转换。对于 IDAL 研究计划，哈里斯研究人员将展示和验证新的频谱战争技术，并开发频谱战争仿真，以评估新技术是否可以在短期内纳入军事武器。哈里斯公司的 IDAL 工作还将开发和集成测试电子战技术的协议和仪器。

美国空军投资发展 LVC 技术 2017 年 3 月 3 日，在空军协会的年度空战研讨会上，美国空军高层表示将运用实况—虚拟—构造（LVC）技术，帮助飞行员做好战备准备，应对未来多领域、跨学科的融合作战。该作战模式将把陆、海、空、天、网等领域的所有力量融合在一起。美国空军希望在采办前开展更多试验，此时 LVC 技术将带来诸多好处。例如，空军正寻求利用 LVC 技术找到一种商业化的近距空中支援方案，即 OA – X。空军已在 2017 财年追加预算中预留资金资助一项试验，该试验将考察所有选项，包括轻型攻击机和远程控制飞机。

俄罗斯军方引进虚拟现实技术操控无人机 2017 年 3 月 6 日，美国陆军官网报道，俄罗斯军队将为无人机操控人员配备虚拟现实头盔，佩戴人员不仅可以观察到由无人机摄像头拍摄传回的战场实况，还能通过转动头部及双眼来操控无人机。头盔由俄罗斯国防部机器人研发测试中心（GNIITs）和马里州立大学（Mari State University）合作研发，代号为“斯瓦洛格”（Svarog），头盔的显示器上左右各有一个屏幕呈现 3D 图像。头盔上还配有能够感应眼睛和头部转动的传感器，从而更准确地现实模拟。现阶段，“斯瓦洛格”头盔正在进行测试，并有望于年初交付俄罗斯国防部。

英国进行重大集体训练审查 2017 年 3 月 6 日，据简氏国际防务评论报道，英国国防部训练能力发展助理主任在伦敦的 SMi 地面部队仿真与训练大会上表示，英国陆军已经开始实施一项重大训练现代化计划，其中集体训练审查（CTR）是其中最核心的一项。集体支持计划（CTS）旨在提高传统仿真系统的效率，如联合作战战术训练系统（CATT）、指挥与参谋训练系统（CAST）以及实况战术交战仿真（TES）设施，提高其能力并为过渡到未来系统设定条件。这些效率的提升可以通过提高活动水平和更商业化方法，即利用训练教育体系结构（地面）（TEA［L］）来实现。集体支持计划将持续到 2025 年左右，逐渐纳入集体训练审查范围，最终将成为国防作战训练能力（地面）DOTC（L）发展的一部分。DOTC（L）愿景：开发具有通用体系结构、灵活设计、响应性测试、准确提供训练经验的系统，可提供互操作性，并且以支持条例更改和技术发展的延寿模型为基础。

美国空军计划购买微软 HoloLens 提升士兵战斗力 2017 年 3 月 14 日，美国空军计划购买微软 HoloLens 提升士兵战斗力。美国空军第 412 电子战小组，负责最新武器系统技术的电子战评估。为了增强和扩展他们的测试能力，他们计划购买微软 HoloLens 和 Meta 2 AR 系统，开始在工作流当中进行增强现实模型的开发和集成，相关人员可以看到武器装备上虚拟叠加的各种相关数据和图形。或者让维修人员看到飞机内部结构、接线、液压和燃料系统，以帮助简化维修操作。

立方全球防务公司获得美国陆军联合备战训练中心 LVC 训练合同 2017 年 3 月 16 日，立方全球防务公司获得美国陆军承包司令部价值超过 4200 万美元的合同，以支持波克堡基地的联合备战训练中心（JRTC）作战小组的 LVC 训练服务。Cubic 公司继续协助 JRTC 将美国和盟军的力量整合到轮流训练演习中，重点是决策行动和特定情景的作战环境。这些演习是在美国陆军旅战斗队和美国陆军特种作战部队作战 B 级分队进行的高保真、高层次的训练项目，是为支持在海外进行军事行动部署的部队开展的训练，包括情景训练、实弹训练、实兵对抗和综合 LVC 训练。Cubic 也将为作战训练装备、战场效果、视频和文化角色扮演者（外语演讲者）提供可扩展的角色扮演和技术支持。美国空军的近距空中支援和空中机动部队将完全融入到每一个训练中。

CRA 公司为美国陆军建立虚拟现实训练接口 2017 年 3 月 20 日，智能系统解决方案开发公司 CRA 宣布获得了为美国陆军建立虚拟现实和增强现实培训接口的合同。美国陆军研究实验室授予了一份为期两年的价值 50 万美元的实时用户控制虚拟接口（VILTUOSO）合同。VIRTUOSO 通过虚拟环境进行大型电机运动，如在虚拟环境中导航以及精细运动，如精密工具的控制以及用双手和手指与虚拟物体的交互。为促进高效和健壮的技能开发，VIRTUOSO 将提供集成能力来自动评估技能的性能、集成等级模型的能力和技术，有助于提高整体技能熟练程度。

4C 战略公司为英国军队提供虚拟训练系统 2017 年 3 月 21 日，4C 战略公司将为英国陆军交付新的基于班组的虚拟训练系统（UBVT）。在现实的合成环境中，UBVT 将为班组提供集体实践火力和机动、指挥和控制以及战术、技术和程序。UBVT 将管理和提供各种各样的演习，旨在为未来的作战行动准备常规和后备人员。UBVT 利用国防部的防御虚拟仿真工具，这是运行在笔记本电脑基于游戏的军事仿真工具。4C 战略将会支持美国国家安全委员会提供的 Exonaut，一个全面的训练进展和演习管理工具。已经在北约使用的规划和编程工具将用于预订和修改 UVBT 事件。

NGC 电磁仿真技术支持萨博 JAS 39“鹰狮”战斗机测试 2017 年 3 月23 日，诺斯罗普·格鲁曼公司（NGC）阿默斯特（Amherst）系统业务部门向萨博 AB 公司交付了一款作战电磁环境仿真器（CEESIM）。CEESIM 将在 JAS 39“鹰狮”多功能战斗机上进行飞机测试。CEESIM 采用数字合成器技术，可以提高调制采样率，缩短校准时间并创建高分辨率仿真。CEESIM 系统包括先进的脉冲生成能力，采用最新的数字技术来产生先进的波形。该系统具有对多种有源电子扫描阵列天线进行数字化建模的能力。当结合 CEESIM 到达角建模并由最先进的图形用户界面控制时，系统将立即转换为最强大、最先进的仿真器。

NASA 用虚拟现实技术进行宇航员训练 2017 年 3 月 29 日，美国航空航天局（NASA）正在使用混合显示（MR）技术在宇航员去国际空间站之前对其进行模拟训练。MR 是将现实和虚拟环境的合并产生的可视化环境，在新的环境中实现物理和数字的对象共存，并进行实时互动。利用该技术，可以实现空间站环境的数字化模拟。除此之外，NASA 的系统还包括一个计算机控制的起重机，在与该起重机连接后，宇航员可以体会到模拟的外太空失重环境。NASA 该系统开发与游戏制作公司 EPIC Games 合作，应用其产品 Unreal 游戏的引擎开发。

美国国防部发布《2016 财年研制试验鉴定年度报告》 2017 年 3 月，

美国国防部发布《2016财年研制试验鉴定年度报告》。该报告全文214页，共6个部分，对2016财年美军研制试验鉴定和试验资源管理重点工作进行了全面总结，对国防部各部门提交的研制试验鉴定自评报告进行了综合评估，并对40个采办项目的研制试验鉴定工作进行了重点审查。2016财年美军重点关注研制鉴定框架、可靠性试验鉴定、网络安全试验鉴定、互操作性试验鉴定等领域的研制试验鉴定工作，并有效监督和指导了国防部试验鉴定资源的评估与战略规划工作。2016财年试验资源管理中心对国防部试验鉴定资源评估与战略规划进行了有效的监督和指导，主要工作包括审查《试验鉴定主计划》，制定试验鉴定战略路线图，研究试验鉴定基础设施，管理“中央试验鉴定投资计划”“试验鉴定科学技术计划”和“联合任务环境试验能力计划”等。

罗马尼亚升级战斗训练中心 2017年4月6日，据简氏国际防务评论报道，罗马尼亚陆军正在为位于Cincu的陆军陆战队训练中心（CTC）开展一项重要的改进计划。CTC包括Cincu和Cartisoara两个实况训练场。弗拉德准将指出，两地联网后，一个旅级总部能够在Cincu开展构造指挥所演习，而一个营级总部能够在Cartisoara开展真实演习，两地分享一个通用作战图。罗马尼亚正在将这个网络扩展到空军和海军，以建立一个联合仿真网络，并计划进一步扩展到立陶宛、乌克兰、保加利亚，匈牙利以及德国Grafenwoehr和Hohenfels的北约训练中心，以构建一个欧洲仿真中心网络。罗马尼亚还启动了一个重大基础设施改进计划，涵盖真实发射场、仪器仪表、演习控制、建筑物和飞机跑道，并计划在2020年前完成。

DARPA计划开发社会仿真系统 2017年4月7日，为了解社会科学建模的能力和局限性，DARPA宣布其“真理根基”（Ground Truth）计划。该项目旨在使用具有内置的“真理根基”因果规则社会体系仿真程序作为测试平台，来验证各种社会科学建模方法的准确性。该计划中开发的仿真程序将作为校准社会科学建模方法的客观测试平台，通过创建试验平台环境，可以看到科学家是否可以准确甄别仿真程序中内置的因果规则，来开发“逆向工程”人工社会体系的模型，这也被称为法医社会科学。“真理根基”项目将安排一组研究人员创造社会仿真程序，相关的“真理根基”规则只有他们知道；同时，另一组研究人员则通过创新的团队方法来“发现”这些模拟的规则。DARPA 及其独立试验和评估小组将对建模团队的能力进行评估，以甄别和预测在具有不同程度社会复杂性的不同仿真程序中的因果关系。

俄罗斯开始利用虚拟现实技术设计航天飞船和模块舱 2017 年 4 月 7 日，俄罗斯能源火箭航天集团公司网站报道，该公司建立的俄罗斯首个航天飞船与模块舱虚拟设计中心已正式启动运行。该中心 2016 年 10 月开始筹建，利用先进的虚拟现实（VR）技术，使设计人员通过佩戴 VR 设备进入飞船或模块舱内部，在虚拟的数字空间内开展特殊或复杂结构设计工作。该中心能模拟多种任务的解决方案，如模块舱内复杂机载设备的集成、大量设备连接线缆的铺设任务等，并能迅速将解决方案转化为设计文件。该中心目前配备 3 个图形工作站、3D 投影仪及屏幕、VR 头戴显示设备和 15 副 3D 眼镜，可同时容纳 16 名专家进入其中工作。

洛克希德·马丁公司针对“多域战”概念进行兵棋推演 2017 年 4 月 11 日至 13 日，洛克希德·马丁公司在其位于萨福克的“创新中心”，举行第二次“多域战”概念的作战推演，研究如何跨域指挥和控制，提高空军、航天和网络领域的协同作战。该保密级的作战推演，以探索“反介入/区域拒止”（A2/AD）的作战战略、战术和武器的概念。为充分配合美国空军搜集并汇集来自海洋、陆地和空天的信息，经过分析处理后，决定采用的机器和人的最佳优化方式对目标进行攻击的多域战作战理念，洛克希德·马丁公司在此次推演活动中拿出了包括战略可视化工具“展览室”、智能空间系统、空军分布式通用地面系统、战区作战管理核心系统以及空中任务命令管理系统等诸多适应多域战的作战系统。

DARPA 寻求敏捷精确作战中用于多尺度模拟的创新概念 2017 年 4 月 11 日，DARPA 战略技术办公室发布一份信息征询书，寻求利用商业游戏技术，评估动态可组合的分布式作战概念在城市作战环境中武器联合和多域作战的效能，从而实现创新的任务组织和战术策略使用。“敏捷精确作战”概念是围绕海军陆战队组建，考虑人为因素，用于评估技术对作战发展影响的方案主要是军事演习以及在各类小型单元上开展广泛的试验测试。实体级建设性仿真平台适用于指挥层级的决策制定（类似实时战略游戏），并适用于评估系统的性能，但不适用于评估以人类为中心的海洋作战适应性。换句话说，使用游戏引擎的虚拟测试台（类似虚幻 4）可用于评估战术、技术和规程（TTP），并可模拟对手。然而，这些游戏引擎缺乏系统仿真或更高层级的指挥游戏元素。DARPA 重点关注创新和新颖的作战模拟概念，这些作战模拟概念利用城市现有和假设的新功能的组合环境，可以在发现敏捷精确作战新概念方面取得突破。此次征询主要包括 4 个方面的内容：①引擎架构；②系统和环境要素；③用户体验、队列管理和人工智能实施；④开发环境、数据管理和集合。

罗克韦尔·柯林斯获得 2100 万美元的第二批 CRIIS 合同 2017 年 4 月 11 日，美国国防部授予罗克韦尔·柯林斯（Rockwell Collins）公司一份价值 2100 万美元的合同，以支持第二批生产通用靶场集成仪表系统（CRIIS），升级空军、海军和陆军的测试靶场。CRIIS 系统将支持被命名测试靶场的发展和操作测试，并准备在 LVC 测试场景中支持 F－15、F－16、

F/A-18、F-22 和 F-35。CRIIS 项目满足了国防部对普通测试和训练基础设施的改进操作的设想，通过实时跟踪大约 350 海里的飞行训练参与者（视线加中继线）；飞机高动态下的精确的时间、空间、位置信息和对空中、陆地和海上训练者可扩展的区域控制。它还提供了开放式体系架构设计，以支持靶场的灵活性；多个独立层级的安全体系架构；包括测试和培训使能体系结构接口协议的标准化；软件定义无线电的波形和频率的敏捷性；并支持合成威胁和力量。

美国空军举办首届“太空旗帜”演习 2017 年 4 月 14 日至 21 日，美国空军举行首届“太空旗帜”演习活动，以训练作战人员在太空领域的作战、解决问题和处理潜在冲突的能力，提高战役和战术级的管理、指挥与控制能力。“太空旗帜”是美国空军新创办的一种演习活动，重在提升作战人员的太空作战的技战术水平，为应对可能的太空冲突做准备。首次“太空旗帜”演习指挥官表示，美国空军将为“太空旗帜”演习研发类似“红旗”军演的训练系统，模拟太空试验与训练环境，将指挥太空及网络系统的方式与提供全球作战效能真正结合起来。下一次“太空旗帜”演习暂定于 8 月举行，美国空军希望每年举行两次演习。参加演习的部队包括范登堡空军基地的联合太空作战中心（JSpOC），施里弗空军基地的国家太空防御中心（NSDC），扮演对手的第 527 太空侵略者中队。“太空旗帜”演习将借鉴“红旗”军演中战斗机飞行员对抗的模式，将太空作战人员分为两队进行对抗，由第 527 太空进攻中队模拟敌方对美国太空系统的攻击，受训太空作战人员在计算机仿真的太空作战环境和老练的对手面前训练和创新太空作战技战术。

美国陆军将增强现实技术用于增强士兵任务规划技能 2017 年 4 月 17 日，美国陆军网站报道，美国陆军纳提克士兵研究、开发和工程中心

（NSRDEC）认知科学团队正在研究如何利用增强现实技术提高士兵任务规划技能。其研究目标是评估便携式增强现实设备是否可以作为改进任务规划作业的候选技术。基于三维交互式地图和模型的增强现实任务规划使士兵个体可以调整自己的规划练习，使其能够适应自身特点及团队其他成员。这样做可以改进士兵个体和团队整体的认知表现，达到优化任务规划输出，并最终增强任务效率的效果。

DARPA：用视频游戏训练未来战争的指挥官 2017 年 4 月 18 日，DARPA 展望未来战争就像视频游戏，目前正在通过计算机游戏来训练未来的军事战略家。其下属的国防科学办公室 4 月发布征求多分辨率的互动创新军演仿真软件，旨在用可升级扩展、互动游戏、战争游戏的方法，利用虚拟时空的广度和跨度，对竞争结果和策略使用进行评估。DARPA 希望利用电子军事游戏来提高军事指挥官在作战中的战略意识，尤其是在有众多玩家参与的环境中，包括可扩展的互动游戏和战争游戏。此次征集电子军事游戏的目标是提高国防部的军演水平。DARPA 寻求视频游戏在三个主要领域：建筑、游戏构建、游戏同人工智能的结合。下一步，DARPA 将要求商业视频游戏企业把所有这些因素和组件融合一起。视频游戏不应该仅限于地面上眼前的情况，玩家应该考虑如何能够对资源、技术和交易等进行控制和决策，以及如何优化配置部队兵员。重点应该是在“决策层”，因为指挥官负责整个团队的行动，影响整个战场走势。

立方全球防务公司升级数据通信网络 2017 年 4 月 20 日，立方全球防务公司获得了加拿大政府价值约 450 万美元（约 600 万加元）的合同，以升级其国防部数据通信网络（DCN）和演习控制中心（EXCON），用于加拿大武器效果仿真（CWES）系统。立方全球防务公司将升级与 DCN 和 EXCON 相关的硬件和软件，包括更换现有网络和 EXCON 硬件。EXCON 软件还将升级最新版本通信和跟踪系统的矩阵软件（CATS Metrix）来增强城市作战训练系统（UOTS）。立方全球防务公司预计将在 2018 年 5 月之前完成所有的硬件和软件升级，以支持 2018 年加拿大陆军规模最大、最复杂的训练活动——“决战枫叶演习 2018”。

DARPA“频谱挑战赛”启用新型电磁频谱电子仿真器 2017 年 4 月 21 日，DARPA 宣布下一代电磁频谱电子仿真器“罗马竞技场”正式投入使用。该仿真器位于约翰·霍普金斯大学应用物理实验室服务器机房。竞争选手可利用“罗马竞技场”作为试验台，为访问军用和民用领域电磁频谱的利用与管理创立新模式。该测试平台具有开创性，可在 1 千米^2 范围内模拟包括手机、军事无线电、物联网设备和其他无线通信设备在内的数百种无线通信设备间成千上万的可能交互过程。试验台设计中最大的挑战是“软件定义无线电”（SDR）技术要与类似云计算式的环境进行集成，并可使多个团队进行远程访问，并在同一测试平台中同时应用多个团队的各种人工智能和 SDR 框架。利用该技术，人工智能在解决无线通信挑战方面将实现快速发展演变。

2017 春季仿真多方研讨会（SpringSim17） 2017 年 4 月 23 日至 26 日，2017 年春季仿真多方研讨会（SpringSim17）是由国际建模与仿真协会主办的年度会议，涵盖计算机仿真技术以及科学工业和商业应用的最先进的发展。覆盖的领域包括高性能计算技术、模型和算法、用户图形界面可视化技术、通信等。涵盖的应用学科包括先进的电信、计算机系统、航空航天、环境科学、能源及涉及的其他行业。2017 年，SpringSim17 与 MODS-IM 世界大会合作举办。研讨会内容：年度仿真研讨会；通信和网络研讨会；高性能计算研讨会；建模与仿真理论、基于 Agent 的仿真；智能、自适应和自治系统中的复杂性建模与仿真；医学建模与仿真；仿真工程模型驱动方法等。

BAE 系统开发 3DAWS 系统寻求分层导弹预警能力 2017 年 4 月 28 日，简氏国际防务评论报道，BAE 系统公司正在开发一种新的导弹预警能力，以保护旋翼飞机免受高级威胁。与 BAE 系统公司的通用导弹预警系统或任何被动威胁检测系统配合使用，该公司的三维高级预警系统（3DAWS）不仅提供了威胁的方位角和仰角，而且还提供靶场威胁。与此同时，BAE 系统公司继续开展 3DAWS 的开发和集成，从基于实验室的演示转向硬件制造的仿真，最终目标是进行有源靶场测试。

NASA 举办挑战赛，加快 CFD 软件运算速度 2017 年 5 月 2 日，随着工程师们对愈发复杂的、非传统高效气动构型探索的不断深入，CFD 计算的时间成本正在成为一个瓶颈。NASA 希望通过架构、软件和其他改变实现 CFD 计算的加速。NASA 目前使用的 FUN3D 是一个强大的、多功能的 CFD 计算程序，被来自美国大学、工业界和政府机构的研究人员和设计师广泛使用。NASA 航空研究任务事务部举办“高性能快速计算挑战”（HPFCC），旨在寻找如何将 FUN3D 程序在“昴宿星”超级计算机上的运算速度提高 10 ~10000 倍，而同时不降低计算精度的方法。构思挑战主要寻求算法改善，包括网格自适应、高阶方法和高效的求解技术。架构挑战主要是优化单个的软件模块以及模块间的处理以降低计算时间。基于构思挑战和架构挑战的结果，NASA 将决定是否启动第三阶段的挑战：改写 FUN3D 并进行验证。

北约举行“锁定盾牌 2017”大规模网络防御演习 2017 年 5 月 2 日，代号为“锁定盾牌 2017”的演习是世界上规模最大、最先进的网络防御演习，该网络演习由爱沙尼亚国防军、芬兰国防军、瑞典国防大学、英国联合军队、美国欧洲司令部、空中作战部队和塔林理工大学联合举办，涉及来自 25 个国家约 800 名专家参与。为期 5 天的演习时间为 4 月 24 日至 28

日。此次演习涉及对虚拟基础设施进行技术防御，处理和报告事件、解决取证挑战，对法律和战略沟通的响应，以及场景注入。其中美国和其他部分国家扮演“蓝队”角色，不仅负责维护虚拟国家网络安全，还需回应媒体和法律问题。今年演习还包含“假新闻”一项，参与者必须应对来自敌对势力散布的虚假新闻消息。演习设置了一个虚拟的国家空军基地，模拟其电网系统、无人机、军事指挥控制系统、关键信息基础设施和其他基础设施等遭遇网络攻击的场景。据北约信息技术人员透露，专家们对“蓝队”进行至少2500多次网络攻击，在演习中部署3000多个虚拟化系统。

V&V研讨会 2017年5月3日至5日，美国机械工程师学会（ASME）召开大型校核与验证（V&V）研讨会，专门致力于计算机模拟的校核与验证和不确定性量化的新兴领域。研讨会主要方向是校核代码和解决方案、仿真验证及对不确定性的数学模型、计算解决方案和实验数据进行评估。ASME V&V标准委员会正在探索组建一个新的委员会，以开发能量系统和应用中的计算建模的校核与验证协议。

立方全球防务公司获得英国陆军训练保障合同 2017年5月4日，立方全球防务系统公司宣布，获得了价值超过3500万美元的合同，将继续为英国陆军训练基地提供区域战场武器效能仿真器（AWES）的支持与维修服务。这项为期3年的合同将在英国索尔兹伯里平原训练基地（SPTA）和加拿大阿尔伯塔省的英国陆军萨菲尔德训练营（BATUS）进行服务和保障。AWES允许英国军队进行大规模的、逼真的实兵对抗作战演习，可提供直接火力、火炮、迫击炮、地雷和空投弹药以及核武器、生物武器和化学武器的仿真效果模拟。该系统采用GPS技术，可以跟踪和监测1400多名士兵和250辆车的行动和位置，并可使用立方全球防务公司的多用途集成激光交战系统（MILES）来记录小型武器射击的“命中”“杀死”和“错过”情况，即士兵的命中和失误率以及重建战斗演习的任务分析。

SCALABLE 网络技术公司支持 FDECO 和无人机通信 2017 年 5 月 4 日，SCALABLE 网络技术公司宣布获得美国海军签署的第二期合同 1.5 亿美元（包括期权），作为前沿部署能源和通信前哨（FDECO）创新海军原型（INP）项目的一部分。该项目的目标是使用联合网络仿真器（JNE）/EXata 建模方法开发 FDECO 集成仿真器。SCALABLE 网络技术公司将继续利用自身的仿真软件来实现水下通信建模，因为它对海军作战越来越重要。SCALABLE 网络技术公司将增强 JNE/EXata 的网络和通信仿真功能，并扩展信道和通信模型库。由此产生的功能将与为 JNE 开发的工具兼容，以允许对 FDECO 与其他通信网络集成在一起的未来 FDECO 操作概念进行建模和仿真。

美国陆军 RVTT 虚拟仿真训练 2017 年 5 月 5 日，美国陆军在科索沃的邦德费尔德营进行了虚拟仿真训练。虚拟仿真训练使士兵能够练习一些场景作为车队操作和靶场资格认证。虚拟训练是可重构车辆战术拖车（RVTT）训练的一部分，允许士兵在一定数量的模拟情景下练习，如护卫队行动和射程资格训练。RVTT 由一系列装有全尺寸悍马的拖车组成。在悍马搭载了一台 M2.50 机芯机枪，还有一架 M249 型自动武器。拖车墙壁上装有大屏幕来显示模拟视频场景。

美国空间与导弹防御研讨会 2017 年 5 月 9 日，美国导弹防御局（MDA）作战支援指挥部宣布，“空间与导弹防御（SMD）研讨会互动战争 2017”于 2017 年 8 月 8 日至 10 日举行，届时将举办 12 场会议。空间与导弹防御研讨会是在空间和导弹防御领域领先的教育、专业发展和网络活动。研讨会受到来自美国和世界各地盟友的领导和专业人士的广泛关注。此次研讨会包括以下内容：超过 200 件展品、MDA 战争游戏、网络活动、国际高级别演讲嘉宾演讲、国会和技术小组、STEM 论坛。“技术轨道”为参加者提供了解空间和导弹防御技术最新进展的机会。2017 年的主题为基于模型的系统工程；增强虚拟现实。

英国皇家空军基地“狂风”CR4 战斗机仿真器实现互联 2017 年 5 月 10 日，泰勒斯公司在英国皇家空军的洛西茅斯基地和马勒姆基地实现了“狂风”GR4 战斗机的全任务仿真器互联。通过两个基地的仿真器互联，泰勒斯公司实现了基地间的联合训练。洛西茅斯基地的两台仿真器已经使用局域网连接在一起，允许飞行员和他的僚机同时执行飞行训练任务。而泰勒斯公司利用基于商业专线的广域机密网络将马勒姆基地的仿真器与前者进行安全连接，从而使不同空军基地的飞机员可以同时执行训练任务。

以色列使用 VR 头盔来培训士兵 2017 年 5 月 10 日，以色列士兵们正在使用 Oculus Rift 和 HTC Vive 头盔在地下进行战斗训练。以色列的士兵们可以学习如何赢得加沙边境的哈马斯武装攻击，以及如何在一个封闭的环境中单独/多人应对任务。Oculus Rift 头盔为坐在电脑前的士兵创造逼真的隧道系统和障碍物，而 HTC Vive 头盔则可以为士兵们呈现一个逼真的地下环境，训练士兵如何拆除陷阱。该系统已于 2017 年 4 月份部署完毕，用于特种部队的战斗训练。

Meggitt 防务系统公司展示第五代机仿真挑战 2017 年 5 月 10 日，简氏国际防务评论报道，Meggitt 防务系统公司的训练系统业务开发经理表示，空中目标不太可能解决第五代飞机仿真需求。Meggit 防务系统公司正在计划对 GT400 目标进行一些增强。Meggitt 防务系统公司目前正在讨论解决五代机仿真需求新概念，“新的无人廉价的解决方案，如四轴飞行器”可以被部署来模拟五代平台的特征。空中目标很可能会继续发展，以满足市场的需求，重点是增强有效载荷，例如，根据目标模拟可能会改变的形式实现容易修改的雷达横截面。该公司正在等待美国政府“良好预算”，以开始研究可修改雷达横截面的概念。它还在讨论增强 GT400 可释放滑翔空中拖靶目标的改进。尽管技术进步和操作人员需要体验实时目标参与的影响，由于更高的高保真度、可靠性和节约成本的性质，第五代仿真很可能转向完全虚拟训练。

空客公司预计 10 年内将实现第五代机目标 2017 年 5 月 12 日，简氏防务周刊报道，空客公司预计未来 10 年，将以类似于第五代飞机的无人机方式执行空中目标，虽然真正的挑战可能是发现适用于这些目标的靶场测试。空客公司认为仿真主要集中在武器系统训练上，以训练学员如何操作武器。然而，最终用户仍然需要实弹射击，这不仅是出于心理原因，还因为操作者需要看到训练涉及系统的完整参与周期。军方还需要解决大型设施的需求，操作人员可以准确、安全地模拟五代机造成的威胁。

ITEC 2017：军事训练与教育合作创新 2017 年 5 月 16 日至 18 日，欧洲领先的军事训练和仿真活动军事仿真、训练和教育国际论坛（ITEC）2017 在荷兰举行。为期 3 天的会议将举办有关 M&S 技术和架构、培训和教育方面的研讨会，包括解决方案的需求、双向使用的训练应用以及先进工程应用的新动向，并包含一个设计压力游戏小组的情况介绍和有关 F－35 会议。会议第二天举办高级工程会议，专注主题为从仿真和训练的角度洞察可扩展的建模框架和基于模型的系统工程，如从工业 4.0 角度分析。第三天，与洛克希德·马丁公司合作的 F－35 会议，以“F－35‘闪电’Ⅱ：训练和集成范式的文化转变”为主题，对第五代战斗机的训练和互操作性方面的内容进行了介绍。

ITEC 2017：RNLAF 概述了仿真计划 2017 年 5 月 16 日，荷兰皇家空军（RNLAF）的政策和计划主管指出未来的仿真将会以新的需求为驱动持续增长。到2024年，RNLAF将在虚拟世界中进行50%的训练。其正在探索更广泛的建模与仿真合成环境，以改进关节训练、连通性和通用性。RNLAF寻求使用M&S来支持决策、任务演练、概念化、采购以及训练。当前进行的项目包括位于De Kooy海军航空站的NH90 FMS安装，采购CH－47 FMS，升级当前AH－64D“长弓”船员训练系统或与FMS的置换升级，以及采购支持RNLAF新兴远程驾驶飞机（RPA）舰队的训练系统。

ITEC2017：萨博发布“太空堡垒5”　2017年5月16日，在ITEC 2017上萨博推出最新沉浸式的指挥和员工训练系统“太空堡垒5”（BattleTek 5）。“太空堡垒5”是一个构造仿真系统，旨在使军事指挥官和民事安全领导更高效的工作。它与波西米亚互动仿真公司（BISim）的“虚拟战斗空间3”（VBS3）集成，为指挥官们使用虚拟现实眼镜（Oculus Rift）或头戴式显示器提供身临其境的体验，在任何环境下训练和演练复杂的防御和安全场景。该技术大大降低战斗训练模拟成本，只使用常规实际训练的成本的1%～2%。BattleTek的最新版本集成了使用案例描述语言（C－BML）和联合指挥控制通信信息交换数据模型（JC^3IEDM）等接口协议的“任何指挥控制”战斗管理系统。通过虚拟化和人工智能的单个实体级别进行指挥指令和行为模型数据传输，从而允许在情景和事后评估中构建逼真的可视化场景，并通过采用全息技术来改善对任何训练期间可能发生的事情的认知理解。指挥官可以直接模拟部队，并使用Oculus Rift HMD查看虚拟再现。

美国海军陆战队员使用新的虚拟现实游戏提升技能　2017年5月17日，美国海军研究办公室报道，战地指挥官在生死攸关的情况下，需要做出快速而且明智的决定。为了发展、加强和加速这种快速思维的能力，尤其是小型作战单元的领导人，美国海军陆战队正在向24个步兵营分发新的

“战术决策套件”。将在未来6个月内全部部署的套件包括软件由海军研究局（ONR）资助。它们可以用于野战、营房或教室环境，为战士提供多功能的工作空间，以练习和磨练他们的决策技能。附带的软件工具可以增强现有的培训技术，如虚拟第一人称模拟或实战练习。ONR资助开发的技术包括：①交互式战术决策游戏（I－TDG）；②使用微软全息眼镜HoloLens将虚拟对象融入实际视野的增强现实沙盘应用程序；③用于地形快速测量和建模的四轴飞行器系统。

先进仿真公司支持USMC的训练演习 2017年5月17日，美国海军陆战队（USMC）利用先进仿真技术公司（ASTI）Voisus无线电IP（RoIP）通信系统，支持海上空中交通管制大队－38（MACG－38）“闪电剑训练”演习活动。RoIP系统通过Voisus客户端软件应用程序，在实时战术无线电操作人员和集中式演习训练人员之间建立了联网语音通信。训练活动标志着USMC首次使用航空分布式虚拟训练环境（ADVTE）网络连接Miramar、Yuma和Pendleton基地的空中指挥和控制机构；并且USMC首次在基于模拟的空中指挥和控制系统训练活动中使用RoIP。在训练演习活动期间，MACG－38验证了ASTI在模拟的海上作战飞机和其他复制的海上空中地面任务管理部队机构间整合通信的能力。

美国陆军通用任务仿真器帮助训练UAS飞行人员 2017年5月22日，美国陆军采用全仿真平台以增强无人机系统机组人员现场飞行训练，并帮助降低服务于航空和导弹研究、开发和工程中心的成本和风险。无人机系统船员训练仿真系统部门主管表示，联合技术中心和系统集成实验室（JSIL），支持所有的统一消息服务平台（UMS）系统。JSIL技术主管指出，实验室已经使用政府资助的多功能统一仿真环境（MUSE）软件套件为UAS项目管理办公室提供训练系统。MUSE为参加指挥和人员训练演习的战斗指挥官提供情报、监视和侦察仿真能力，如“奥斯特挑战”演习、“太平洋哨兵”演习、“护身军刀”演习、“乙支自由卫士”演习和“山樱花”演习。截至4月，美国陆军已经集成了84个UMS系统，包括4个用于影子无人机的训练系统。该服务部门计划到2019财年实现总共99个“UMS”单元集成，以支持无人机操作员训练。

LACS公司推出新的TES系统　2017年5月24日，简氏国际防务评论报道，意大利激光先进作战系统（LACS）公司开发了一种用于实兵对抗训练的基于激光的战术作战仿真系统（TES）。该系统于2017 ITEC上发布，它通常配置小型武器激光投影机、背带式传感器、事后评估系统和辅助设备上进行额外逼真的训练。该系统与其他TES设备不同的是，激光的准确性以及光束的尺寸是可调的。LACS R2步枪发射器集成双激光器，射程范围400米。传感器还可以与各种目标集成，包括静态、被动式和反射式。这些可以用于基本射击训练以及近距离战术训练。

美国陆军“网络探索-2017”演习　2017年6月5日，美国陆军网络卓越中心在戈登堡多地举办了为期26天的“网络探索-2017”演习。在完整复制现实主义作战环境的基地中，美国陆军组织旅战斗队、情报单位以及27个学术和工业界机构进行一系列网络/电磁行动作战实验活动。该演习活动主要围绕4项内容展开：网络扩展、态势认知、内部威胁以及网络防御作战。除了促进主管训练和条令部门关于网络/电磁行动指导文件的制定工作外，演习还为大量国防供应商提供了发现陆军需求、验证装备系统原型在陆军中应用的情况、获得实际操作人员的反馈信息，从而加速陆军采购最新网络/电磁行动装备的进程，使创新解决方案更快地进入陆军能力体系之中。“网络探索”系列演习、“网络闪电战”演习和“网络创新挑战”演习并称为美国陆军网络作战力量训练的三项主要活动。

北约建模与仿真卓越中心举行2017CWIX演习 2017年6月12日至29日，北约建模与仿真卓越中心（COE）成功地举办联盟战士互操作性方面的探索、实验、审查、演习（CWIX）。该中心负责协调互操作性测试的执行，避免了并发活动的冲突和重叠，并最大限度地提高了测试的执行性能。该演习吸引了来自11个国家/组织的多个仿真系统。在参与的仿真系统中，北约M&S COE建立并管理了一个复杂的联邦，由不同的子网组成，基于分布交互式仿真（DIS）和高层体系结构（HLA）。通过对C2系统的互操作性测试的成功案例，M&S COE证明了仿真服务可以支持指挥官和员工在演习期间的训练，在操作过程中做出的决策，或者是对操作、理论和程序新概念的预测、试验和开发。

CAE支持RAAF分布式虚拟训练 2017年6月13日，CAE公司最近支持皇家澳大利亚空军（RAAF）参加了“钻石雷霆”分布式任务训练演习，演习中可以看到RAAF网络中全国范围内建立的各种仿真资产，演习训练作为其首个空战教练课程的一部分。“钻石雷霆”演习中位于威廉斯镇的空战中心的联合空战实验室作为演习指挥中心，负责管理和协调整个虚拟训练环境。位于里士满的CAE公司工程人员支持将C－130J全飞行任务模拟器（FFMS）集成和测试纳入澳大利亚国防训练和实验网络（DTEN）。CAE公司还提供了一个训练计划，协助创建和执行虚拟训练和任务演练场景，并在澳大利亚国防仿真训练中心工作人员协助提供网络基础设施，以支持该分布式虚拟训练演习。

Inzpire提供英国训练演习 2017年6月15日，Inzpire公司宣布参与英国皇家空军空战训练中心（ABTC）的英国分布式训练演习活动“红风筝”（RED KITE）。RED KITE是英国/美国双向分布式综合训练计划。演习为参与者提供了由Inzpire开发和领导的具有代表性的真实世界场景下的战术战斗机训练。演习将现代威胁系统与复杂的军事训练交战规则结合在一起，用标准的军事口号进行作战。

DARPA 发布“远征城市环境适应性作战测试平台原型”项目公告

2017 年 6 月 15 日，美国国防高级研究计划局网站（DARPA）启动了名为“远征城市环境适应性作战测试平台原型”（PROTEUS）的新项目，旨在研发先进的作战管理、指挥控制软件（BMC^2），同时为探索未来远征作战新概念研发交互式虚拟环境，保持美国在未来作战环境中的军事优势。DARPA 将在未来 3 年内为该项目投资约 5000 万美元。PROTEUS 项目包括：①为实时动态指挥控制、武器/平台调用、战术规划开发软件；②研发虚拟测试环境，用以模拟联合部队在复杂城市作战环境下的作战；③在虚拟测试环境下模拟友军、模拟对手开展演练，演示动态组建小编队的能力以及演示如何实现最佳作战效能。

BAE 系统公司开启驾驶舱开发和仿真训练设施 2017 年 6 月 26 日，BAE 系统公司在兰开夏郡沃顿开启新的 230 万英镑的训练和仿真集成设施（TSIF），该公司表示将改变驾驶舱开发和军事训练的未来。与威廉姆斯先进工程公司合作开发的设备运用了一些最新的游戏技术，包括市售的交互式耳机和手套，与先进的军用飞机仿真器和 F1™ 工程结合使用，并具有多种飞机类型的仿真功能，包括 BAE 系统公司鹰、台风及未来概念飞机。TSIF 为飞行员、客户和工程师提供沉浸式环境、分析、评估和试验下一代军用飞机驾驶舱和未来的训练解决方案，并向当前和潜在客户展示不同的技术实现未来的能力，包括：下一代培训驾驶舱设计；增强现实环境；未来的课堂将展示墙对墙交互式显示；网络综合环境。

美国海军将虚拟现实技术应用于舰船改造和水手训练 2017 年 6 月 27 日，美国海军空间与海战系统司令部报道，美国海军工程师利用激光探测的3D成像能力对美国海军“圣迭哥”号（LPD 22）、“特鲁斯顿”号（DDG 103）和“安克雷奇”号（LPD 23）的指定位置进行了精确到毫米级的测量。之后，利用虚拟现实和虚拟环境软件对数百吉的扫描数据进行处理，形成了一个不到100吉的虚拟现实模型文件。空间与海战系统司令部3D扫描团队利用光探测和测距（LIDAR）技术，使虚拟现实扫描成为一种未来舰上技术开发和水手训练的工具。

英国源讯公司获得AWE合同支持科学建模 2017年7月3日，作为全球数字转型的领导者，源讯公司（Atos）宣布获得英国原子武器研究所（AWE）的合同，安装一台新的Bull Sequana超级计算机。该超级计算机为英国国防组织提供高性能计算解决方案，以促进下一代科学建模。新系统将配备一台Bull Sequana X1000超级计算机，理论峰值性能为4.3 Petaflops（每秒430万次操作）。Bull Sequana超级计算机采用最新一代直接液体冷却技术，实现业内最密集和最节能的平台，系统安装使用最新的Mellanox EDR互连和高性能希捷光泽存储设备，提供大约100吉字节/秒的输入/输出（Input/Output，I/O）性能。Bull Sequana提供了一个灵活的、模块化的和可适应的环境，可以适应未来深度学习、多核和ARM计算的刀片系统。Bull Sequana也被设计用来适应E级计算。

英国将采用超级计算机模拟“三叉戟”核弹头爆炸 2017年7月5日，The Register网站报道，为英国核武器提供弹头的原子武器研究所（AWE），将采用源讯公司“公牛”超级计算机模拟“三叉戟”核弹头爆炸。源讯公司将向AWE提供一个每秒4.3千万亿次浮点运算的Bull Sequana×1000系统，该系统具有一个Seagate Lustre存储装置和Mellanox EDR InfniBand互联装置。Sequana系统采用液体冷却剂消除热量累积。

洛克希德·马丁公司获得F-35仿真软件合同 2017年7月6日，美国国防部授予洛克希德·马丁公司5080万美元合同，为了测试战斗机高度复杂的软件和硬件系统。该合同用于F-35“闪电”Ⅱ联合打击战斗机验证仿真系统（VSim）/F-35一体机软件开发、集成和支持。分析人士说，这个系统的问题进一步拖慢了第五代战斗机的发展。该项目将在得克萨斯州沃思堡、马里兰州帕图森特海军航空基地和加利福尼亚州爱德华兹空军基地进行。工作预计将在2018年4月完成。VSim旨在在一系列操作和作战条件下F-35形成高度复杂软件和硬件系统的功能测试。仿真器是完成初始操作测试的关键，但却面临着反复的延迟。F-35具有战斗机上最复杂的传感器和电子战系统，但该方案饱受设计缺陷、延误和成本超支的困扰。其软件和硬件（如诊断系统和传感器）之间的集成在程序的整个生命周期中一直存在问题。

“网络卫士”演习关注基础设施防御训练　2017年7月6日，美国联邦调查局、网络司令部和国土安全部联合举办了为期一周的演习，其中来自学术界、工业界、美国政府和其他盟国的参与者进行了演习训练活动，旨在对关键基础设施的潜在的网络攻击做好准备。“网络卫士”演习聚集了来自22个国家的40多个参与组织，他们联合起来捍卫和保护基础设施，防止从破坏性到灾难性的不同程度的网络威胁。来自网络司令部、情报部门、国家警卫队和预备队的700多名网络运营商和基础设施人员参加了在弗吉尼亚州萨福克的联合参谋部的各种模拟的网络威胁场景。“网络卫士”演习是为了帮助运营商评估网络攻击能力，并在美国机构、国际合作伙伴、私营和公共行业之间建立协作的网络安全策略。该活动还评估了网络空间运作中所面临的法律挑战。

2017夏季仿真会议举办　2017年7月9日至12日，2017年夏季仿真多方研讨会议（SummerSim 2017）及第49届夏季计算机仿真会议（SCSC

2017）成功举办。建模仿真即服务（MSaaS）SCSC 目标是解决 M&S 领域基于服务和云的问题。此次研讨会主要三个方面的研讨：①理论和方法论。MSaaS 和面向服务；MSaaS 和云服务模式；基于 MSaaS 的并行和分布式仿真；MSaas 参考架构；基于 MSaaS 的建模方法（基于 Web 的建模语言、元模型、模型转换）；基于模型的 MSaaS 方法；校核、验证与确认；服务质量（QoS）和服务级别协议（SLA）问题；数据交换和互操作性问题；隐私、安全和所有权问题；同步通信；资源管理、负载均衡和调度；传感器/物联网（IoT）和多媒体数据管理；成本估算模型；服务说明；MSaaS 本体；MSaaS 管理；MSaaS 标准化。②工具和平台。MSaas 中间件；服务资料库；服务发现、组合和编排；MSaaS 部署；MSaaS 编程模型；开源平台；企业服务总线；公共/私有云提供商；虚拟化和集装箱化；IoT 和移动开发。③应用领域和案例研究。

北约 MSG 开展仿真需求认证活动 2017 年 7 月 11 日，北约建模与仿真小组（MSG）已向仿真行业通报了最近开始的“北约建模与仿真职业团队发展”活动。目前为止，北约并没有对北约和国家人员规划和管理这些系统的使用资格进行正式化授权。作为 MSG 152 推出的新活动，旨在开发专业的 M&S 教育和培训组合，以及更有效地支持北约和国家建模和仿真需求的认证过程。一个目标是开发一个专业的 M&S 教育和培训组合和认证过程，更有效地支持北约和国家建模和仿真需求。其他目标是扩大建模和仿真知识，提高认识，促进北约监测与评估活动标准化水平的提高。主题包括：创建北约 M&S 专业认证流程；创建北约 M&S 认证流程及其管理；定义北约 M&S 道德守则；定义北约 M&S 教育课程和布局一般大纲及其内容；探索交付内容的最佳方法；根据欧盟教育框架准确识别能力建设。MSG 152 获准公开发行，并将持续至 2020 年。

Elbit 系统公司通过云服务展示远程仿真 2017 年 7 月 12 日，Elbit 系统公司基于云的仿真环境提供的通用综合自然环境（SNE）来连接两个远距离空军训练仿真器，以此完成了下一代开发的首阶段成果。该公司已经开发出通过安全仿真云连接仿真器的能力，使用标准协议提供仿真和信息服务。当前的功能允许“服务的通用性”，连接的训练系统使用通用服务和标准协议，通过设计的仿真联合环境中的安全云获取服务。它目前允许两个设备（在这个实例中间隔超过 50 千米）在私有云的合成环境中进行实时交互，此外还有一个使玩家在回路的角色站。网络仿真设备飞行的同时也能执行在其 SkyBreaker™任务培训中心内进行的空中任务组件操作。开发计划的下一阶段计划将 Elbit 系统提供的任务训练中心（MTC）纳入现有的平台驾驶舱。

美国空军和 PlayStation（R）发布空军特别行动：夜幕降临 PlayStation4 2017 年 7 月 12 日，在美国空军与 PlayStation 及其 17 年的创作合作伙伴 GSD&M 公司合作，推出了首个独一无二的体验——空军特种行动：夜幕降临（Air Force Special Ops：Nightfall）。此次合作标志着 PlayStation® 首次与品牌共同制作虚拟现实体验。在美国空军有史以来最具身临其境的数字体验中，玩家实际上承担了特种作战飞行员的角色。从感受高空投下低空开伞（HALO）自由落体的兴奋到进入“跳跃学校”，学习使用重要装备和掌握降落伞控制和夜间降落等必备技能。在训练结束后，玩家的技能将通过完全模拟的任务进行终极测试，从而加强在特种作战中需要的经验。一旦完成游戏和挑战，玩家将被引导到 AirForce. com，了解如何将挑战转移到特殊操作的职业。

麻省理工学院重塑计算机辅助设计 2017 年 7 月 24 日，麻省理工学院的计算机科学与人工智能实验室（CSAIL）的 InstantCAD 允许制造商实时模拟、优化计算机辅助设计（CAD）设计。InstantCAD 与现有的 CAD 程序无缝集成，作为插件，意味着设计人员不必学习使用它的新工具。使用 InstantCAD，可以实时改进和优化设计的过程，节省工程师数天或数周时间。在商业 CAD 程序中设计对象后，将其发送到云平台，同时运行多个几何评估和仿真。InstantCAD 对汽车、飞机和机器人等对象的复杂设计特别有用，特别是对于像汽车制造这样的行业。该系统不仅节省了改变设计的时间，而且有可能极大地提高产品本身的质量。该项目得到国家科学基金资助。

洛克希德·马丁公司建造威胁雷达帮助飞行员躲避现代化防空导弹 2017 年 7 月 24 日，洛克希德·马丁公司的雷达专家正在设计一种先进的机动雷达系统，以帮助 F－35 联合攻击战斗机的飞行员学会在现代雷达制导的地空导弹防御敌方地区安全作战。美国空军寿命周期管理中心官员宣布高达 1.083 亿美元的 10 年期合同，由洛克希德·马丁导弹和火控分部负责为空军研制先进雷达威胁系统“变体 2”（ARTS－V2）。洛克希德·马丁公司将建立的 ARTS－V2 系统提供雷达跟踪和反应模拟能力。该系统将模拟先进防空导弹的发射功率、威胁信号、天线模式、操作模式、威胁的策略，并且可以向数字化综合防空系统（DIADS）实时发送雷达数据，ARTS－V2 将提供多谱的威胁表示方式。

立方全球防务公司为澳大利亚皇家海军提供仿真服务 2017 年 8 月 7 日，立方全球防务公司被澳大利亚皇家海军（RAN）选为开发和提供仿真使能训练活动的主要承包商。这项为期 4 年的合同中，立方防务公司将加强位于澳大利亚的海军综合作战中心（NSWC）的 RAN 多地点综合训练活动，提供广泛的仿真规划、技术支持和专业交互。立方全球防务公司的合同将增加整个 RAN 的 LVC 训练整合潜力。该交易的估值约为 711 万美元，约合 900 万澳元。除了与 RAN 的合作关系外，立方全球防务公司还与澳大利亚国防仿真和训练中心（ADSTC）的现任仿真支持服务的承包商，负责联合集体培训。立方全球防务公司还为澳大利亚陆军和澳大利亚皇家空军提供训练、仿真系统和服务。

Aertec 解决方案公司与空客英国开展 VR 技术合作　2017 年 8 月 10 日，航空航天制造杂志报道，Aertec 解决方案公司访问了空客菲尔顿工厂的虚拟现实工作间，该空间可作为空客未来工厂项目的一部分，演示一款生产前设施新概念的布局设计。使用一个由 Aertec 开发的计算机图形辅助三维交互式应用（CATIA）模型作为 VR 系统的输入，该系统接收 CAD 数据并为用户创建一个栩栩如生的体验。主要的硬件由一个投影屏和短投距投影仪组成。多个用户可戴上 3D 眼镜来体验三维投影画面。空客的系统还可以使用一个 VR“紧身衣”，由多个在附着身体不同部分的板组成，让许多运动能够被跟踪。VR 系统的直观属性帮助 Aertec 在工厂中营造了比仅有 CAD 模型时更好的空间效果。另一个好处是人机工程可以在虚拟环境中非常高效地测试。在许多案例中 VR 消除了构建物理样机的需要，节省了绝大的花费。VR 未来的发展可能包括集成位置声音和触觉反馈，这将让体验更加真实，提供更有效的工厂测试。

MASS 支持英国训练演习　2017 年 8 月 15 日，Cohortgs 公司 MASS 支持英国联合作战司令部（JFC）主持的在康沃尔一个军事基地进行的演习计划并实施。训练活动的目的是支持和行使常设联合部队总部的“一站式”发展战略，以及其他 JFC 训练目标。超过 1100 人参加了为期两周的活动，包括军事人员和其他政府和非政府组织。培训情景的焦点是制定一个泛政府对虚拟区域的潜在发展危机的应对措施。除了撰写的场景，还包括创建虚构的国家和所有支持地理、环境和人口细节；MASS 管理着一系列中小企业，并为前军事和外交高级职员在业务层面提供有针对性的建议，以确保参与者获得最大的培训价值。

CSIAC 网络研讨会：更新国防部 M&S 目录 2017 年 8 月 17 日，美国网络安全与信息系统信息分析中心（CSIAC）网络研讨会上，国防部概述了国防部建模与仿真（M&S）的战略愿景和目标。其目标之一是“促进整个国防部企业工具、数据和信息共享”，以实现模型、仿真和相关数据的重用和互操作性。提供国防部企业建模和仿真资源的可视化，使得 M&S 支持的政府机构可以查看可能有助于满足各自需求的工具和数据。美国国防部建模与仿真协调办公室（DMSCO）建立了国防部 M&S 目录，以支持可视化，为 M&S 组织提供资源，以便重用资源。目录是企业发现的集合点，积极寻求 M&S 组织提供的资源。国防企业 Metacard 生成器资源（EMBR）工具补充了目录，旨在为企业提供对其 M&S 资产的本地控制和管理，然后将其发布到国防部 M&S 目录。最近发布了 EMBR 2.0，它提供了更多的增强功能，使用户能够更灵活地管理资源。国防部 M&S 目录还支持从已经维护自己的数据存储库的组织直接进行系统到系统发布。

萨博公司与英国陆军续签战术作战仿真合同 2017 年 8 月 21 日，合众国际社报道，萨博公司宣布已与英国国防部签署了一项战术作战仿真（TES）的完全管理服务合同。这个为期 3 年的扩展合同（外加配套的管理服务条款）总价达 2600 万美元。英国军队使用萨博的可部署 TES 来支持海外训练演习，作为其集体训练的一部分。合同延期部分包括对该项目进行重大翻新，以帮助未来的可部署战术作战仿真仿真器（DTES）系统。根据该合同，萨博公司需一并提供基础设施、仪器设备及相应的保障人员。英国陆军能够应用这种配套的战术作战仿真系统高效地开展海外训练演习。该系统能够模拟直瞄和间瞄火力效能，并能跟踪个体部队和车辆。同时，它还可以收集实时数据以便进行战后回顾。

美国陆军通过游戏平台来评估武器样机性能 2017年8月23日，合众国际社发表题为《美国陆军开发电子游戏助力武器原型研发》的报道称，美国陆军宣布正在招募士兵，使他们通过网络在线游戏来提供数据反馈，以帮助称为“作战高手”（Operation Overmatch）的众包创新平台开发。“作战高手”是“早期合成样机”项目的一部分，项目旨在建立科学家、士兵和工程师的理念与武器样机、设备和战术之间的联系。“作战高手”是一个8 Vs 8场景的游戏，玩家可以在各种虚拟现实场景中同具备现实能力的对手交战。士兵能够了解如何在战场上使用装备、战术和机构，了解它们的优缺点，同时还可以对使用、改变以及放弃什么。该游戏目前仍处于早期开发阶段，但是未来将允许士兵测试武器和战术，并通过对游戏的分析提供即时反馈和数据。在“作战高手”平台中，数以千计的仍处于设计阶段的不同版本的武器和设备可以被测试，从而可以节约一个完全成型样机的使用费用。

美国空军第二次“太空旗帜”演习 2017年8月25日，美国空军太空司令部（AFSPC）在波音幻影作战虚拟战争中心成功结束了第二次“太空旗帜”演习。位于施里弗空军基地的第705战斗训练中队，是众所周知的太空分布式任务作战中心，代表太空司令部开发、计划和执行“太空旗帜”17－2。“太空旗帜”是一种综合的任务规划演习，旨在使太空作战人员在一个竞争、退化、操作受限的环境（CDO）下工作，与思想坚定敌方作战。“太空旗帜”提供了一个低风险、基于物理环境来演示蓝军和红军对抗演习；并为太空作战人员提供高级训练机会，以确保在CDO条件下任务完成所需的战术和经验。演习的主要训练对象包括第50作战小组、第50网络作战小组、第460作战小组和第310作战小组的成员。太空分布式任务作战中心（DMOC－S）队正在积极筹备“太空旗帜”18－1和“太空旗帜”18－2。

“太空旗帜”17－2中吸取的教训将被推广明年演习计划中。

“军事训练与演习规划与发展”会议 2017年8月29日至31日，美国军方举办了军事训练与演习规划与发展（DEP）会议，该课程适用于在极端条件下必须评估训练计划、演习和其他操作因素引发的测试和评估。三天来，学生们设计了一系列桌面和现场评估测试。学生接触武装部队风格的战斗训练类型的压力。完成后，学生将能够从应急管理行业的安全角度进行设计、开发和实施LVC军事训练与演习，包括从紧急管理行业的安全角度出发的“最佳实践”，并符合政府法规（如适用）。学生还将使用仿真危机管理与应对工具（SCMaRT），使其能够在虚拟现实中构建自己的家庭环境，并针对“低概率高风险”事件进行培训，而不会把资金用于计划可能发生的事件资源。

波西米亚互动仿真获得游戏训练合同 2017年8月31日，波希米亚互动仿真公司（BISim）已获得美军陆军颁发的为期5年的合同，用于“虚拟战场3”（VBS3）永久许可证和相关游戏训练（GFT）项目服务。VBS3是基于商业视频游戏技术的桌面训练包。它通过虚拟学习环境提供了训练陆地、空中和海上部队的空间。通过庞大的内容库和场景开发工具，受训人员可以通过各种场景进行训练，并通过事后评估工具确定最佳行动方案。除了系统之外，BISim还将为美国陆军提供VBS3的支持和升级版本，同时也加强其无线电和通信系统，提供在线训练课程，并应陆军的要求开发VBS3的附加功能。该合同目前价值490万美元，在5年期后价值可能高达1280万美元。

Simthetiq公司向德国提供联合火力仿真和训练系统 2017年9月5日，简氏国防工业报道，Simthetiq公司向ESG公司提供跨平台库和虚拟战场空间（VBS）配置专业知识，为其德国武装部队客户提供关键任务支持，支持德国武装部队联合火力仿真和训练。ESG 需要综合的 VBS 建模和配置服务，以扩展 VBS 平台能力，并提供客户更大的场景灵活性和仿真的可能性。合同要求快速开发和配置用于 ESG 联合火力支援小组（JFST）和前线空中管制（FAC）训练器的 OpenFlight 和 VBS 3D 实体模型。3D 模型包括德国的空中、海上和陆地运载工具以及设备。

美国海军在 CAVE 训练系统中使用 MetaVR 视觉效果 2017 年 9 月 6 日，美国海军已经开始在其联合武器虚拟环境（CAVE）训练穹顶和战斗系统中使用 MetaVR 视觉效果。CAVE 系统使用大型视场部分穹顶显示器为个人和团队进行陆上和海上训练。将使用 MetaVR 的地理特定 3－D 地形和模型库。该系统的基础依赖于 BSI 的现代空战环境（MACE），一种基于物理的多对多仿真和威胁环境，以及用于通信环境的 BIS 的 Viper 分布交互式仿真（DIS）无线电。

北约计算机服务机构在数据耕种领域发起进一步倡议 2017 年 9 月 13 日，自 2010 年以来，北约科学家一直在探索数据耕种，这是一个使用快速运行的仿真模型来获取对复杂系统的洞察的过程。鉴于北约部队在当今不确定的世界面临的最复杂的局势，数据耕种为高层管理人员提供了重要的援助。MSG－088 任务组开始探索数据耕种的方法和流程。后续的 MSG－124 任务组开发了网络仿真模型和决策支持工具，将该概念转化为可行的数据耕种决策支持。新成立的 MSG－155 任务组被称为“用于分析和基于仿真的决策支持的数据耕种服务（DFS）”，目的是让北约及其各国能够访问和使用数据耕种。它将分两个阶段完成。第 1 阶段是数据耕种架构和核心服务开发，将开发 DFS 的初始技术架构。第 2 阶段是概念阶段的证明，将重点放在用例上。它们将在 6 个数据耕种领域中进行，分别是：①快速检测原型；②模型开发；③实验设计（DOE）；④高性能计算（HPC）；⑤分析与可视化；⑥合作。

LCS 船员的虚拟训练器 2017 年 9 月 15 日，美国海军已经为濒海战斗舰（LCS）船员训练安装了一些临时虚拟训练系统，而在梅波特（Mayport）海军基地正在建造 LCS 训练设施（LTF）。最近在梅波特的现有建筑中两个仿真器和一个虚拟现实实验室（VRL）已开始运作。18 座 VRL 提供基于船级的工程设备技术员训练课程以便学员熟悉船舶，推进发电和普通机械维修以及喷水和观察挑战。LCS 启动处理和恢复系统（LHRS）起重机仿真器和 LCS 综合战术训练器（ITT）也正在建造中。仿真器设计用于综合船员训练、资格认证和认证，预计将于 2018 年 6 月开始上线。梅波特 LTF 的第一阶段预计将于 2018 年 4 月完成，将包括 5 个 24 座的虚拟现实实验室。第二阶段将包括 10 个虚拟现实实验室，预计将在 2021 年实现初始作战能力。

CACI 国际公司获得美国陆军 1.73 亿美元合同 2017 年 9 月 20 日，CACI 国际公司的任务是为美国陆军夜视与电子传感器局（NVESD）的传感器和成像系统进行建模和仿真系统开发。新合同为期 3 年，最高限额为 1.73 亿美元。这是快速响应第三代（R2 -3G）合同车辆的一部分，该不定交付不定数量合同是用于支持美国陆军通信电子司令部（CECOM）。NVESD 也被称为“夜视实验室”，对先进的夜视、红外武器瞄准和监视系统以及其他传感器技术进行研究。其主要目标之一是在夜间和能见度有限的条件下改善美国武装部队。根据合同，CACI 国际公司将提供建模和仿真服务来评估传感器系统技术效能。

美国战略司令部与国际伙伴举行第四次“太空态势感知”演习 2017 年 9 月 20 日至 29 日，美国战略司令部（USSTRATCOM）于在弗吉尼亚州萨福克的洛克希德·马丁公司中心开展了第四次“太空态势感知”（SSA）演习。本次演习名称为“全球哨兵 2017”（GS -17），目标是运用“联合太空作战中心”（FedSpOC），为今夏在加利福尼亚州范登堡空军基地举行的跨国太空合作提供信息，通过联合美国太空运行者和盟国能力，增强共同安全、改善太空态势感知。在演习中，每个参与国都设立了一个太空作战中心（SpOC），用以指挥和控制各自的太空态势感知资产。“全球哨兵2017”还测试了一个全面集成的FedSpOC，检验联合的一体化指挥与控制的价值。FedSpOC启动了战术级的协调和战役级的分析，并利用模拟的国家及行业领导，加强了战略联系。前三次“全球哨兵”活动被称为“太空态势感知桌面”演习，但此次更名反映了各国参与及联合太空态势感知的重要性。

QinetiQ公司支持北约成员国合作海上演习 2017年9月25日，QinetiQ公司正在支持一项北约训练演习“强大盾牌”（Formidable Shield），以测试8个国家的综合防空和导弹防御能力。这是在英国进行的最复杂和最复合的演习之一，“强大盾牌”将在苏格兰海岸外的赫布里底群岛举行。它包括来自加拿大、法国、德国、意大利、荷兰、西班牙、英国和美国的14艘军舰、20架飞机和3300人参与。演习于2017年9月24日开始，持续到10月18日。演习将看到这些舰船探测、追踪和防御一系列反舰和弹道导弹，并测试其在役系统对实时目标的攻击。这是欧洲盟军第一次在没有任何警告的情况下对来袭的弹道导弹进行防御。测试期间，QinetiQ公司同时发射两架喷气机（Firejet）和两架参与海军编队的“米拉奇”（Mirach）目标。Mirach和Firejet是一个高速的、可机动的目标，可以实现远程海上掠夺配置文件，为海军客户提供训练、测试和评估。

北约举行第12届CAX论坛 2017年9月26日至29日，北约在佛罗伦萨举行第12届计算机辅助训练（CAX）论坛。论坛将与第8届应用建模与仿真研讨会并行进行。今年活动重点关注与仿真训练和培训支持相关的技术项目和操作流程。论坛还希望促进北约和国家仿真/训练中心工作人员之间的信息交流和最佳实践。此外，还将举行指挥控制仿真互操作小组活动和提供多服务活动的建模与仿真即服务经验交流活动。有三个现场演示活动：海上拦截和联盟火力个人训练演习，海军指挥、控制、通信、计算机、情报、监视、目标捕获和侦察（C^4ISTAR）个人和团队作战训练和无线电/指挥与控制（C^2）作战个人训练。

澳大利亚 BAE 系统公司采用虚拟现实技术研制新型装备 2017 年 9 月 27 日，澳大利亚 BAE 系统公司宣布实施沉浸式虚拟现实计划，将改进澳大利亚战车和舰船的研发制造。该公司在 SimTecT 会议上演示了 AMV35 轮式装甲车设计制造过程中使用的沉浸式仿真软件包，其采用融合了计算机辅助设计和游戏软件的 3D 仿真技术，可为武器装备原型系统研制和系统升级提供沉浸式模拟投影。该系统提供了用于设计和建造的数字模型，可预测维护和用户需求。通过识别和确定潜在的设计缺陷，在数字化研发阶段就解决潜在的安全问题，规避了代价高昂的延误，并确保更安全的工作环境，并有效降低了新船的设计和建造所带来的安全和运营风险。

SEA 支持英国 Chinook/MARS 项目，实现舰船与空中接口连接 2017 年 9 月 27 日，SEA 公司将其舰船/空中接口框架（SAIF）与 Chinook 直升机仿真器成功连接。该连接允许在英国国防部的新潮汐级可持续性海上军事支援计划（MARS）的油轮上进行海上试验。SEA 公司正在进一步探索如何将仿真作为一种安全、循序渐进的方法来开发舰船/直升机操作限制（SHOL）。国防研究和技术公司多年来开发了 SAIF，并一直致力于更新仿真能力，然后将 SAIF 与费城波音公司所运营的 Chinook 飞行仿真器联系起来。SAIF 提供一个开放的体系结构，可以将高保真舰船的空气尾流和舰船运动数据注入到飞行仿真器中，提供高度现实的飞行环境，以帮助评估飞行员的工作量和飞机在进行甲板着陆时的限制。

CAE 美国公司致力于闭环训练和通用数据库 2017 年10 月3 日，简氏国防工业报道，CAE 美国公司将闭环训练和通用数据库视为重要技术，并希望使其在仿真和训练服务领域优于竞争对手。闭环训练过程的目标是使用大数据来分析个人的学习情况。闭环训练过程将根据个人的需求调整训练，而不是让学生通过标准化的课程，该标准是军事训练的标准。通用数据库是由公司开发的一个单一的中央存储库数据库，可以与仿真系统的任何元素进行交互，应用于整个合成环境。通用数据库从所有系统中获取信息并将其呈现给用户。CAE 美国公司表示希望美国空军能够将其仿真器通用体系架构要求和标准（SCARS）计划的通用数据库向前推进一步。SCARS 将为美国空军跨越40 多个系统的空中训练服务建立一个通用的开放系统架构。

美国 Engility 公司人工智能新程序加速战场指挥官决策 2017 年 10 月 9 日，据 C^4ISR 网站报道，美国 Engility 公司在美国陆军年会上宣布，开发了一种“即插即用”的人工智能程序，能够改善多种任务的作战效能。该程序名为“综合分析”，旨在通过自动化任务和减少士兵对战术问题响应时间加速决策制定。该程序利用可扩展计算和深度学习为用户提供一系列的任务解决方案。该程序的灵活性在美国陆军年会上演示，其中一个演示程序是为某一预设敌人向某地面部队前进准备空中支援，该模块获取战场情报数据，确定敌人实力，利用可用的空中资源，确定最佳的武器部署方案，并将方案及其风险反馈给战场指挥官。

美军采用社交媒体仿真平台 2017 年 10 月 11 日，美国军方使用商业仿真工具来训练情报分析师如何分类社交媒体资讯和在线新闻。该报告指出，社交媒体复制工具包系统由立方全球防务公司开发，正在纳入军事训练计划，以帮助情报部门管理潜在未来冲突的社交媒体。该系统旨在生成匿名互联网帖子，将构成社交媒体流量仿真，并向仿真中添加信息。

美国空军航天司令部完成第11次“施里弗演习” 2017年10月13日至20日，美国空军航天司令部在内华达州内利斯空军基地举行第11次“施里弗演习2017”（SW17）。来自美国的27个机构以及澳大利亚、加拿大、新西兰和英国的大约200名军事和民事专家参与了演习。“施里弗演习”约每两年举行一次，采取计算机模拟仿真和圆桌研讨的方式进行。SW17背景设为2027年，想定一个与美国势均力敌的对手，试图利用太空和网络空间能力实现战略目标，美国太平洋司令部（USPACOM）责任区为重点关注区域。演习还想定了不同作战环境下的全谱威胁，包括对军民领导人、太空系统指挥官及其能力的威胁。SW17研讨了关键的太空问题，探讨与太空系统和各军种相关的多机构一体化行动，以及多域指挥和控制问题。演习主要目标包括：①检验各种联合指挥与控制框架以部署并捍卫空中、太空和网络空间能力，支持全球和地区性作战行动。②通过整合“太空作战架构”（SWC），深入了解太空弹性、太空威慑和太空作战。③探索太空和网络空间在多域冲突中的作用。④以政府总动员的方式（联盟、民、商）发展伙伴关系，实施联合、联盟作战。

北约建模和仿真小组第40次商业会议 2017年10月16日至18日，北约科学技术组织的北约建模和仿真小组在葡萄牙里斯本举行了今年的秋季商业会议。这是第40次会议。在商务会议期间，全体会议通过了以下新活动：①北约联邦仿真标准（MSG－163）的演变：此项活动的目标是进一步发展北约联邦仿真标准。这包括对未来HLA 4标准的评估，并更新北约的教育和训练网络。该活动还涉及开发支持准备练习和实验的开放工具。②建模与仿真即服务（MSaaS）第二阶段（MSG－164）。③通过分布式仿真的任务训练（MTDS）为联合空中作战（MSG－165）提供增量执行。北约建模与仿真组（NMSG）也在寻找一个新的探索团队的参与者在高保真光电/红外（EO/IR）场景模拟的决策支持。这个探索性小组的目标是建立在北约和伙伴国家的高保真 EO/IR 场景仿真工具和技术的最新技术水平。

北约建模与仿真小组研讨会举办 2017 年 10 月 19 日至 20 日，北约建模与仿真协调办公室（MSCO）宣布 2017 年北约建模与仿真小组讨论会（2017 NATO MSG Symposium）在葡萄牙里斯本举行。该活动主旨是概述目前北约 M&S 发展和工作，主题是“M&S 技术与标准促进联盟互操作性和普适性的 M&S 应用”。会议将探讨向北约提供具有成本效益和有效仿真工具的开发，关注的重点：现实建模（地形和行为）；建模仿真即服务；可组合仿真；指挥与控制仿真互操作性；互操作验证测试。

DARPA 正寻求开发先进的作战仿真系统 2017 年 10 月 27 日，美国国防高级研究计划局（DARPA）国防科学局为了获取战略评估和管理国家与非国家行为的能力，启动“战略机制设计基础”项目，以便对战略机制进行实际设计和评估。战略机制的开发需要整合博弈论、行为经济学、计算机科学和人工智能方面的最新进展。但问题是，游戏奖励理性行为，如玩家得分最大化，而国家行为往往是不理性的。DARPA 研究人员想知道，人工智能和社会科学等领域的进步能否逼真地模拟非理性行为，因此正积极推进先进作战仿真系统研发。

美国陆军寻求推进导弹、航空与其他国防技术 2017 年 10 月 30 日，美国陆军航空导弹研发与工程中心（AMRDEC）的系统仿真与研究分部（SSDD）在联邦商机网发布方案、征集公告，寻求两类技术的基础与应用研究。两类技术分别是导弹 & 航空技术、其他国防技术（空、天、巡航导弹、装甲、高超声速及其他）。导弹 & 航空技术细分为拦截器、先进仿真、指挥、控制与通信、网络、互用性、需求应用研究、开发测试及其他可应用的国防基础设施先进技术。其他国防技术细分为集成导弹技术、高级建模、目标技术、运输技术、作战分析、战役管理技术、火力控制分析与仿真、定向能技术和其他。

2017 年军事虚拟训练与仿真峰会召开 2017 年 10 月 31 日至 11 月 1 日，由美国国防战略研究所召开“2017 年军事虚拟训练与仿真峰会”在阿灵顿举行，会议主旨为“通过虚拟训练和仿真来确保任务就绪”，会议允许美国军方、政府机构、教育领导者和解决方案提供商在市政厅论坛上聚会，讨论虚拟培训和仿真的当前和未来方向。由于其成本效益和实效性，本项目将围绕虚拟现实和仿真作为一种优秀的军事训练工具进行讨论。这次峰会将围绕战士训练技术和创新学习方式的更新和发展进行高层讨论。会议主要人员将共同探讨在预算有限的情况下，LVC 训练系统有什么实质性的好处，以及这些解决方案将如何更好地培训军队。这次活动将强调虚拟训练和仿真作为军事训练的先进战略。

美军通过 AR 和 VR 技术，帮助新兵了解身体极限 2017 年 11 月 1 日，美国海军陆战队的 Warren Cook 中校讨论的技术之一就是使用穿戴式传感器来帮助新兵更加了解他们身体的极限，以便训练得更好更安全。正在开发中的虚拟现实、增强现实和混合现实项目可以在军事上有所应用。南加州大学创意技术研究所（USC ICT）的一个混合现实项目正在进行一款小到人的手掌大小的无人机开发。这款无人机可以跟踪和捕获人的动作，所以在训练模拟中就能对其进行分析。USCICT 的另一个项目是一个名为 Monticello 的虚拟和增强现实应用程序，使用者可以与虚拟专家进行互动。USCICT 还有一个称为 Bystander 的虚拟现实原型技术项目，可以帮助人们防止性侵和性骚扰。

海军陆战队战术决策包将作战环境带入军营 2017 年 11 月 10 日，提供海军陆战队战术决策包的服务部门表示，其服务的下一步，是即使在基地也能训练海军陆战队员在不同作战环境中作战。该决策包利用增强现实技术，第一个人的射击模拟和交互式战术决策推演，允许用户的创建和执行更深入、更加可定制。该决策包下一个任务是将作战场景和作战思想结合到同一个技术中。快速能力办公室副主任表示，与传统设备相比，决策包最大的区别在于其处理能力，决策包能增强战术决策能力、加强沟通、确定作战人员和作战单元的优势和劣势。

DARPA 研发太空作战虚拟实验室 2017 年 11 月 14 日，美国国防高级研究计划局（DARPA）向 BAE 系统公司授予价值高达 1280 万美元的合同，以开发一个数字化实验室，帮助美国军事指挥官为外空作战做好准备，帮助美军“快速评估和整合太空指挥和控制技术”。这一任务将建立一个虚拟的太空战区，让美军领导人更好地了解太空环境和潜在的威胁。DARPA 称这个项目为“标记测试平台”（Hallmark testbed）。该测试平台还将允许美军领导人练习如何开展“多域”作战，以便对在太空、陆海空或网络中收集的数据进行整合和分析，为同时开展的空间和地面任务提供支持。“标记”项目的第一阶段侧重于态势感知和指挥控制技术。未来，DARPA 希望为该系统实现“针对复杂的新兴威胁的太空指挥与控制技术测试的真实场景演习”。该项目的下一个阶段是在弗吉尼亚北部建立“标记空间评估和分析能力”中心。该分析中心将用于太空指挥控制软件和程序的开发、集成、建模、仿真和现实测试。

陆军推出沉浸式步兵仿真器计划，使小组成员一起训练 2017 年 11 月 16 日，陆军承包司令部公布小组沉浸式虚拟训练器（SiVT）需求声明（W900KK），SiVT 的目标是提供一个实况小型部队仿真训练器，为小组提供更多的训练重复次数。SiVT 将使用混合现实和自然用户界面（NUI）技术来交付包括与未来的陆军训练设备互操作的不可知软件的能力；与陆军公共合成环境（CSE）用于个人和集体训练的互操作性；士兵能够快速构建和设计场景的能力，描绘不断变化的现实世界情况；在短时间内运行多个训练迭代的能力；并提供事后评估。军方希望在2018年8月之前使用真正的士兵来协调原型技术演示。

以色列空军利用VR进行维修训练 2017年11月16日，据简氏国际防务评论报道，以色列空军（IAF）正在使用虚拟现实（VR）头盔和3D模型为技术人员和工程师提供维修训练。该训练系统由位于海法的以色列空军的技术空军基地的IAF教育研究和开发部门开发。IAF已经建立了一个由5个工作站和1个指挥控制站组成的虚拟现实室，教员指导并与学员沟通。工程师学员沉浸在虚拟的3D环境中，包括他们正在学习服务的飞机或防空系统；还可以通过360°和从不同的角度和距离查看。该部门创建了两种形式的虚拟VR：一种使用计算机生成的图像显示沉浸式3D环境；另一种使用照片，如飞机引擎的照片。

美国陆军科学家建立雷暴天气演变过程模型 2017年11月20日，美国陆军研究实验室气象学家针对雷暴天气演变过程建立了一种新模型，能较好地预测天气和环境对陆军装备（如战场无人机系统）的影响。该研究成果在2017年美国国家航空航天局降水测量会议上予以公布。同时，气象学家讨论了研究雷暴天气对军队的重要影响，以及如何更好地预测和密切监控在雷暴中形成的两个环境因素：下降气流和过冷雨滴。美国陆军研究实验室的科研人员通过揭示在雷暴天气中一种下降和上升气流交替的新模型，并进而开发出一种算法，从而为理解和改进天气影响预测提供了依据。

北约在I/ITSEC展示活动 2017年11月21日，北约建模与仿真小组表示在I/ITSEC的北约展台（#2161）上展示MSG活动。北约展台的示范活动将包括：①C^2 和仿真系统互操作性。演示将解决指挥控制仿真系统互操作性（C^2SIM）战术数据链（TDL）用例和沙盒。②M&S 支持自治系统的生命周期。该演示展示了使用分布式 M&S 框架来测试和训练无人潜水器中使用的自主引擎的能力。③建模仿真即服务（MSaaS）。通过一系列 6 次演示，NMSG 将展示 MSaaS 能够在任何需要的地方提供仿真。④M&S 支持危机和灾害管理。本次演示将展示一个能够支持和进行危机管理和灾难响应演习、分析和准备训练的提案技术平台，并测试一些现有仿真工具模拟灾害的能力。

军事调查工业界高保真仿真敌方导弹以加强导弹防御 2017 年 11 月 21 日，美国导弹防御专家正在调查工业界，寻找能够开发计算机公司仿真敌方导弹和导弹相关的观测设备的公司，以帮助政府和工业界更好地改进弹道导弹防御系统和使能技术。MDA 最感兴趣的是导弹仿真，以帮助开发威胁规范、威胁模型、特征描述、情景和轨迹数据。MDA 官员关心的是继续演变、扩散且日益复杂的敌方导弹系统。MDA 希望开发高保真敌方导弹仿真；针对客户需求量身定制的敌方导弹仿真；验证的导弹仿真；对敌方导弹仿真进行评估；并开发了创新的方法、流程和工具来加速导弹仿真的发展。该机构正在寻找具有威胁特征模型和数据的专业公司、计算机辅助设计、弹道、雷达散射截面、增强点散射模型和三维散射中心。

洛克希德·马丁公司开展第三次“多域指挥与控制”推演 2017 年 11 月 27 日，洛克希德·马丁公司正在其弗吉尼亚州萨福克市的创新中心开展一场为期 3 天的推演。这是该公司旨在协助美国空军“多域指挥与控制”（MDC^2）系统早期阶段研发工作的一系列推演中的第三次推演。此次推演着眼于军方在构建“综合任务指令”（ITO）（类似传统“空中任务指令”（ATO））时所面临的挑战。“空中任务指令”分配战区每架飞机的任务和架次，而“综合任务指令”还将向所有太空和网络部队分配任务。推演中，组织者将参与者分成空、天、网三支小组，要求他们与 MDC^2 指挥人员直接通信，但发现效果并不好。由此得出的教训是，空天网必须肩并肩地行动，在负责常规打击和以网络、电子战和卫星为武器的“无声打击”的人员之间，不仅需要统一协调，还需要密切磋商。美军需要对现有的作战司令部做出更大的改变，美军需要一种真正的、触及全球的联合作战司令部。这种司令部可能会从 MDC^2 及其他联合系统获取数据，然后向各地和各领域指挥官发出指令。

CAE 仿真和培训公司与罗克韦尔·柯林斯公司合作展示 I－LVC 演示 2017 年 11 月 28 日，CAE 仿真和培训公司与罗克韦尔·柯林斯公司在奥兰多 2017 年跨军种/工业界训练、仿真与教育会议（I/ITSEC）展会上进行两场实况—虚拟—构造集成域（I－LVC）演示活动。演示活动将汇集海军作战系统仿真器（NCSS）和远程驾驶飞机（RPA）桌面训练系统等虚拟元素，以及包括攻击直升机和地空导弹在内的构造实体。爱荷华大学操作员性能实验室将运行一台现实生活中真实的 L29 飞机。CAE 强调使用不同的图像生成器、不同的计算机生成兵力（CGF）、混合分布交互式仿真（DIS）和高层体系结构（HLA）以及“展示我们将如何使用美国国家安全局在 4 个安全飞地的领域守卫，为演习提供 4 个级别的网络安全”。罗克韦尔·柯林斯公司将带来唯一经过认证的、多级安全（MLS）、四级安全、最高机密、秘密和受限的解决方案，允许获得不同安全认证的参与者仅访问在训练环境或演习中获得批准的信息。

美国空军继续构建开放式架构 2017 年 11 月 29 日，美国空军在其训练系统内继续努力实现通用性，为此，将在 2018 年 4 月发布其仿真器通用架构要求和标准（SCARS）的征询方案（RFP）。11 月 8 日发布了一份绩效工作报表（PWS），为最初的远程扫描和架构概念发布了11个探路者合同模块。预计在2019财政年度将签订最终的合同，并将涉及3个系统的转型。最终SCARS将使40多个独特的复杂器基线得到更有效地支撑。SCARS技术的驱动因素之一是开发一种能够跟上和响应动态网络安全环境的训练体系结构。另外，SCARS使用新技术使更新仿真器更容易。该方案估计耗资约5亿美元。目前，美国空军重点包括合并F16的训练组合，以及在实况—虚拟—构造（LVC）领域开发支持的基础设施和F35作战测试的采购策略。

英国研究结果表明MSaaS未来发展趋势　2017年11月29日，Cohort公司SEA正在为英国国防科学与技术实验室（DSTL）进行信息管理（IM）技术研究，这些技术可能会对数据作为服务的呈现方式产生重大影响，如仿真和训练、试验和评估和基于仿真的采办。SEA主要合同是DSTL仿真体系结构、互操作性和管理（AIMS）的研究项目，与分包商Envitia、地理空间技术和GIS软件专家合作进行为期3年的研究，研究如何推动建模仿真即服务（MSaaS）生态系统，可用于各种应用程序以满足各种防御及其他需求。

立方全球防务公司支持MTCCS计划　2017年11月30日，立方全球防务公司（CGD）已获得不定交付不定数量、多任务订单合同，合同最高支付上限为9.75亿美元，用于支持美国陆军的任务训练复杂能力支持（MTCCS）项目。根据合同，立方全球防务公司的主要任务领域将包括提供训练、技术和通信支持，以支持多个任务训练综合体（MTC），支持陆军服务组件司令部（ASCC）、陆军部、师、旅和世界范围低级别部队。MTCCS项目将为各种MTC提供个人、领导、小型部队、作战人员和仿真驱动的任务指挥的训练、技术、演习、仿真和行政支持。CGD公司将利用NextTraining™战略，将集成实况—虚拟—构造和游戏（LVC－G）仿真结合起来，支持陆军的本地训练。

DARPA“世界建模师”项目致力于缩短安全态势分析周期 2017 年 11 月 30 日，简氏网站报道，DARPA 正在研究使分析人员能够快速开发出分析国家安全态势模型的技术。预测类模型将能分析不同的场景和各种干预策略。DARPA 将该项目命名为“世界建模师”（World Modelers）。“世界建模师”项目旨在减少检查问题、分析问题，提出解决方案的响应时间，以及编写报告所需的时间，预计 2018 年年初开始，将初步审查区域粮食安全状况，如南苏丹的饥荒。预计在 18 个月的第一阶段工作结束后，能够使用可交付的技术。第二阶段计划将引入一个与饥荒情况类似但不相同的新用例，并不披露细节。第三阶段将向执行者呈现一个完全不相关的用例。

美国海军空战中心：花 10 亿美元采购 VR 培训系统 2017 年 11 月 30 日，据“国家防务”网报道，美国海军空战中心培训系统部在 2017 财政年度批准的合同超 1400 项，订单总额超过 10 亿美元。由于美军近年一直致力于虚拟现实、增强现实与混合现实技术等新兴技术，美国海军空战中心培训系统部的采购数量呈现稳步增长的趋势。虚拟现实通过观众的护目镜创造出一个全新的世界。增强现实将物体或信息置于现实世界的视野中。混合现实寻求将虚拟对象集成到真实的背景中。美国海军空战中心培训系统正在建立一个“基准系统”，可以在多个海军技能使用。多功能结构 3D 培训系统已经在美国的 7 个潜艇训练场地广泛使用，能为部队提供统一的标准、系统的配置和管理，同时与行业合作伙伴开发特定技能的应用，以满足作战人员或团队的个性化需求。军方称，海军已经把虚拟技术和建设性技术列为优先事项。

新 AR 显示原型可显示虚物和实物可相互遮挡 2017 年 12 月 4 日，在现实生活中，一件物品遮挡住另一件物品的事情十分常见。这种遮挡可以帮助我们的眼睛和大脑判断物品在空间中的位置，并且令我们相信眼前的物品确实存在。然而，这对增强现实而言是一个巨大的挑战，因为你需要将虚拟物品与真实物品混合在一起。亚利桑那大学光学科学学院的研究人员正在研发相应的解决方案。他们研制出了一款特殊的增强现实显示器原型，其中的虚拟对象能够遮挡真实对象，并且同时被其他真实对象所遮挡。要在 AR 中实现这种双重遮挡，一个巨大的挑战是处理光线，如果 AR 头显要实时做到这一点，将需要一个深度传感器（头显设备正越来越多地采用这一元件，如 HoloLens）。

英国陆军 UBVT 系统已达到全面作战能力 2017 年 12 月6 日，NSC 设计并交付的英国陆军基于班组的虚拟训练（UBVT）系统已达到全面作战能力（FOC）。UBVT 系统将在 2020 年之前为英国陆军所有的常规和后备役部队提供虚拟训练。该系统使士兵沉浸在高保真地形中，以真实装备为特色，使部队能够在实况训练机会和作战部署准备过程中练习火力和机动，指挥和控制，战术、技术和程序。该系统使用英国国防部的国防虚拟仿真工具，并运行在笔记本电脑上，学员可以通过耳机进行通信，并模拟陆军的平台战场信息系统应用程序。这个轻量级系统意味着部队可以将任何位置变成训练场地。该系统取代了美国家安全委员会（NSC）之前的联合作战行动虚拟环境（Op JCOVE）计划。

美国海军航空司令：作战模型系统工程将彻底改变装备设计 2017 年12 月6 日，据美国海军学会网报道，美国海军将在 2018 年 2 月测试“宙斯盾虚拟双机”作战系统。如果试验成功，美国海军可以在巡洋舰或驱逐舰上测试新的升级系统，而不干扰舰船的实际作战系统和操作能力。海军航空系统司令部一直在推动基于模型的系统工程，这将彻底改变海军的装备设计和测试。“虚拟双机”是一套完整的代码，基于计算机服务器，构成了

“宙斯盾”作战系统“基线9”，比导弹驱逐舰或巡洋舰上的原有“宙斯盾”系统占用的空间少得多。该虚拟系统虚拟已经在弗吉尼亚州达尔格伦海军水面作战中心运行，在正式海试前必须完成“爬—走—跑”三步流程。在明年春末夏初，该试点计划在第二个阶段将把另一个虚拟系统配置到船上进行“标准”导弹实弹射击，是作战系统船舶资格试验（CSSQT）或舰队演习的一部分。在支持虚拟系统试点计划的第三阶段，整套虚拟系统都将部署到驱逐舰上。

CAE 公司和罗克韦尔·柯林斯公司推 LVC 技术 2017 年 12 月 7 日，据简氏国际防务评论报道，CAE 已经与罗克韦尔·柯林斯公司合作，推进实况—虚拟—构造（LVC）分布式训练演习能力，飞行训练是目前正在进行的发展之一。在寻求发展 LVC 综合训练的过程中，增加现场飞行器一直是最具挑战性的方面。然而，多个仿真器网络化的虚拟和构造仿真集成为通用环境下的分布式任务操作（DMO）训练任务已经很成熟。一个重要的问题是将必要的通信带宽引入飞机，以及根据安全等级分隔数据所必需的飞地。演习采用罗克韦尔·柯林斯公司新一代吊舱，该吊舱包含足够的带宽向飞行器发送虚拟和构造威胁，然后以相对较低的延迟实时发送导弹和飞机位置等数据。在 CAE – Rockwell Collins 演示中，使用了双座飞机。在这种情况下，飞行员能够安全处理问题以及操作飞机。推进 LVC 的重要性对于 F – 35 等第五代飞机上的先进武器和传感器系统至关重要。在虚拟环境中进行训练有助于保护对手的战术、技术和程序。

莱茵公司展示 OSIRIS 指挥训练系统 2017 年 12 月 7 日，简氏国际防务评论报道，莱茵金属电子公司在 2017I/ITSEC 上展示了其新的 OSIRIS 构造仿真指挥和人员训练系统。这是基于莱茵公司的 TacSi 技术的现有系统的全面升级。OSIRIS 是构造仿真，涵盖从公司到战区级的陆军、空军和海军作战。除了指挥训练之外，它还可以通过比较不同的行动路线及其可能的结果来作为决策支持系统提供决策支持，也可以作为发展作战概念和战术理论的实用研究工具。该系统可以包含多达300万个实体，可以涉及多达4个不同的联盟，每个联盟采用不同的战术原则。对于陆军作战来说，所有单独的平台都被标识为有其位置的实体，然后被汇总到训练受众所需的水平。该系统使用人工智能，使用基于代理的模型和马尔可夫链技术来操纵单位和编队。系统可以达到旅级，可变仿真时间因子比实时快60倍。

MASA发布SWORD新版本 2017年12月8日，据简氏国际防务评论报道，MASA在2017I/ITSEC上展示了其SWORD构造仿真指挥和人员训练系统的新进展。SWORD最新版本6.10将新的动态聊天工具集成到系统中。该版本还增强了其网络管理工具，允许执行管理员更好地控制远程客户端和服务器。将于2018年5月发布的下一版SWORD，包括改进的联合部队和海上模型，并更加关注地面部队的营级训练。海军目前正在进行汇总，未来将构建平台级建模。为了响应法国的需求，正在制定新的“国家战区”（National Theatre）模块，这些模块将于2018年发布。正在开发的SWORD的另一个方面是它在作战分析和研究方面的应用。

萨博实况训练进展详情 2017年12月8日，简氏国际防务评论报道，萨博在2017I/ITSEC上展出其实况战术作战仿真系统（TESS）的改进。①BT 46 Mk Ⅲ是萨博车载激光仿真器系统的最新版本，现在已经完全无线，并支持同时检测仿真互操作标准组织（SISO）和多用途集成激光作战系统（MILES）激光编码。②在重型武器激光投影仪的新设计中，环形激光陀螺已被移除，消除了国际军火交易条例（ITAR）问题，并且实现了额外的转向轴，提高了从移动平台发射的每一轮“圆”的仿真逼真度。③为单兵研制了一种新型头盔式探测器。④萨博的新技术We：Are是“观察者/控制器”（O/C），监视现场装备演习，同时派遣地面部队。We：Are 是智能手机和平板电脑的应用程序，使用增强现实技术（AR）来提供实时可视化的仪表人员、目标和参与作为基于地图视图的替代方案。

美国海军官员概述了新的培训概念 2017 年 12 月 12 日，海军作战副总司令比尔·莫兰在 2017I/ITSEC 发布会上表示，美国海军迫切要求改进训练方式，提高技术开发和应用的步伐。为了满足这一需求，海军空战中心训练系统分部（NAWCTSD）正在开发一个名为“准备相关学习”（RRL）的新概念，旨在在适当的时候向每个水手提供正确的学习方式。所有的训练、测试和结果都将被跟踪和记录，使指挥人员能够监测进展情况。此外，系统将根据每个人的经验水平进行定制。这种训练系统对个人或团队训练同样适用。建模和仿真以及实况—虚拟—构造（LVC）集成培训是美国海军的未来。

Inzpire 公司支持“铁龙演习” 2017 年 12 月 12 日，Inzpire 公司已经设计并向英国皇家空军空战训练中心（ABTC）的第三师（英国）总部交付了一次实验性的综合训练演习。使用分布式合成空地训练（DSALT）能力进行的“铁龙演习”（Exercise Iron Dragon），旨在训练总部联合空地一体化单元（JAGIC）的所有元素。Inzpire 创造了一个场景，提供了 4 天的流程，使 JAGIC 能够在高强度复杂联合空地作战中演习联合部队的战术、技术和作战程序，同时也试验新的概念。Inzpire 公司还通过事后评估来评估演习和联系价值。

美国陆军探索合成小队训练环境 2017 年 12 月 12 日，美国陆军试图在保证部队安全的同时加快训练时间和降低成本，已经尝试使用虚拟武器或合成武器为战地士兵提供战备训练。除了帮助个别士兵用特定的武器或系统来提高他们的技能之外，陆军还使用集体实况仿真进行小队虚拟训练，小型部队训练可以改善部队对各种情况的反应，并且比真实现场情况下更快地重复练习。训练和条令司令部正在寻找一种现成的商业解决方案，用于在虚拟、增强和混合现实环境中进行基于阵容的战备训练。陆军计划使用其他交易机构和DevOps方法来快速创建SiVT原型，实时用户反馈以及向作战人员提供快速和频繁地交付能力。原型的技术演示预计不迟于2018年8月。

通过VR远程操控机器人，或将用于拆弹和国际空间站 2017年12月14日，即使自主机器人自己把事情干得越来越好，仍然会有很多情况可能需要人类的介入和控制。由布朗大学计算机科学家开发的新软件使用户能够使用虚拟现实技术远程控制机器人，从而帮助用户尽管身体远离了数英里，但仍能沉浸在机器人的周遭中。该软件通过互联网将机器人的手臂和抓手以及搭载的摄像头和传感器连接到现成的虚拟现实硬件上。使用手持控制器，用户可以通过移动自己的手臂来控制机器人手臂的位置，执行复杂的操作任务。机器人和虚拟现实单元之间传输的数据通过互联网足够地密集进行发送，因而滞后时间最短，可以让用户远距离引导机器人。

美国海军3D虚拟干船坞项目为“福特”级航空母舰项目铺平道路 2017年12月14日，据美国海上系统司令部报道，美国海军水面作战中心费城分部（NSWCPD）的工程师最近在先进数据、原型技术和虚拟环境（ADAPT. VE）实验室完成了3D虚拟干船坞项目，成功生成了3D点云用以代表诺福克海军造船厂的8号干船坞。3D计算机模型将允许海军使用现有的计算机辅助设计（CAD）工具来操作数据，以提高造船厂的生产率。该项目选择诺福克海军造船厂8号干船坞作为模拟对象。该项目是为了支持海军海上系统司令部的提议即“海军造船厂创新项目”，旨在优先支持按时交付船舶和潜艇，并降低成本。ADAPT. VE实验室的工程师使用激光扫描技术为整个干船坞创建一个虚拟的3D图像是该项目的目标。目前，船厂正在努力利用这项技术，继续精简船舶维修过程。

欧洲防务局研究大数据的军事应用潜力 2017年12月18日，为理解不断发展的大数据方法及技术如何影响国防建模与仿真、如何最大限度利用大数据持续增长的潜力等问题，欧洲防务局于2016年9月启动BIDADEMS研究，力图更好地理解大数据在国防尤其是建模与仿真领域的方法、技术及应用潜力，并促使欧洲防务局启动了旨在研究新方法的建模与仿真方法（MODSIMMET）项目。在建模与仿真领域，大数据有助于简化军事仿真设计，生成更逼真的模拟场景与环境，提高对模拟结果的利用水平，甚至有机会将仿真与建模支持应用于军事试验与鉴定活动。BIDADEMS研究成果为欧洲防务局参加第二届“欧洲地理信息学研讨会暨大数据展览会”和“2017年全球大数据防务峰会”（两次会议于2017年6月在柏林举行）提供了重要支持。MODSIMMET项目致力于探索如何运用多种技术方法来构建类似混合战争这种复杂的场景，如以大数据和人工智能为支撑的数据耕耘和兵棋推演等。

NAVAIR：新的采办方式可以将研发戴器系统所需的时间缩短一半 2017年12月18日，美国海军航空系统司令部（NAVAIR）正在实施一种新的采办方法，在完全成熟度的情况下，可以将研发武器系统所需的时间缩短一半。该司令部高级官员表示，正在将NAVAIR转变为基于能力的测试和评估，并更关注在开发测试周期内的能力而非依赖于规范。基于能力的采办依赖于高保真数字建模来预测红色威胁和蓝军，以此来衡量海军的作战效能。类似的模型已经被用于未来预算。使用这些建模系统至关重要的应用领域是海军LVC训练，并将建模系统定性为NAVAIR LVC未来战略的“基础”。每个规范或升级到新系统都将被实例化为政府和承包商都可以查看的模型。其结果是，承包商不需要不断地记录他们的进展，并等待政府进行设计审查。这个特别的改变在迭代一个新系统的时间里就能节省两到三年的时间。NAVAIR 一直在不同的项目中逐个试验这种新方法不同方面。

QinetiQ、Inzpire 和 Close Air Solutions 投标联合火力综合训练项目

2017 年 12 月 19 日，简氏国防工业新闻报道，QinetiQ、Inzpire 有限公司和近距离空中解决方案（Close Air Solutions）签署合作协议，共同参与训练与仿真系统项目（TSSP）联合火力综合训练项目。该项目旨在到 2020 年实现全面作战能力，将训练士兵如何控制和协调海军、空中和陆地武器系统，以赢得陆地指挥官的直接战斗。士兵们将进行单独和团队训练，提高他们识别目标的技能，保护友军和平民以及传播、交流信息。基于教室和仿真器的系统将结合由文职和军事教官创造的一系列战场场景，让士兵沉浸在未来的冲突训练中。多个网站将在英国和国际合作伙伴之间联网。

美军典型训练仿真系统简介

序号	名称	研制单位	简介
1	射击模拟训练器（Conduct of Fire Trainer, COFT）	美国马丁·玛瑞塔模拟与自动系统公司	该系统适用于 M1A1 和 M60A3 坦克以及 M2/M3“布雷德利”步兵战车模拟
2	仿真训练网络（Simulation Networking, SIMNET）	美国国防高级研究计划局（DARPA）美军陆军	该系统实现了作战单元之间的直接对抗，并能在其所提供的虚拟作战环境中进行营以下规模的多兵种协同训练和战术对抗研究
3	联合作战战术训练系统（Combined Arms Tactical Trainer, CATT）	美国陆军	该系统能够将满足不同功能领域训练需求的模拟系统相连接，形成一个多兵种合同作战的虚拟战场环境。支持战斗训练、战术机动、交战、通信、标准的战斗程序、作战部队与支援要素行为的同步、火力支援协同等
4	近距离作战战术训练器（Closed Combat Tactical Trainer, CCTT）	美国陆军	该系统是一个多兵种协同作战训练系统，基于光纤局域网相连，各种模拟器和工作站基于分布式交互模拟协议实现彼此通信

（续）

序号	名称	研制单位	简介
5	陆航合同战术训练器（Aviation Combined Arms Tactical Trainer，AVCATT）	美国陆军航空电子设备中心 美军陆航项目执行办公室	该系统为美国陆军 AH－64（攻击直升机）、RH－66（侦察直升机）直升机系列提供一个核心的训练环境和有人操纵训练模拟器
6	防空合同战术训练器（Air Defense Combined Arms Tactical，ADCATT）	美国国防部	该系统按照 SE Core 概念进行开发，支持防空系统合同战术训练
7	旅营战斗模拟系统（Brigade Battalion Simulation，BBS）	美国国家模拟中心	该系统用于训练机动旅和营指挥员及参谋人员实施空降战斗任务时定下决心的能力
8	军作战模拟系统（Combat Battle Simulation，CBS）	美军模拟、训练、装备司令部	该系统支持联合、合成、军、师、旅级别的指挥参谋军官集体训练
9	“两面神”模拟系统（Janus Combat Simulation）	美国驻韩国联合部队特种作战中心美国联合战备训练中心 美国国家训练中心 美国国家模拟中心	该系统为情报和作战领域的战场作战系统（B－OSs）提供同步训练环境，可为旅级指挥官、营级参谋和作战支援部门提供研讨式训练。主要用来训练排、连级指挥官，也可用于军士培训
10	战术模拟系统（Tactical Simulation，TACSIM）	美国国防情报局（CIA）	该系统是美国陆军主要的情报模拟系统，用于近实时地训练情报人员处理情报的专门技能或普通情报参谋的工作能力

（续）

序号	名称	研制单位	简介
11	战斗勤务模拟系统（Combat Service Support Training Simulation System，CSSTSS）	美国陆军后勤中心（USALOGC）	该系统主要用于训练作战勤务支援领域从营至军以上级别部队的指挥员和参谋人员，包括师支援司令部、军支援司令部、战区陆军区域司令部、战区陆军及其下属直到营一级
12	计算机兵力生成系统（One Semi－Automated Forces，OneSAF）	美国国防部建模与仿真办公室 Locheed Martin、SAIC、Dynamic Research Corp、Logicon RDA、Mystech Associates 诸公司	该系统是一个可重组、新一代的计算机兵力（CGF）系统，可对单兵、单作战平台到营层次的作战行动、系统与控制过程进行仿真，能够精确、有效地描述部队的作战、作战保障、作战勤务保障行动过程和 C^4I 流程
13	战士 2000（Warfighter’s Simulation 2000，WARSIM 2000）	美国佛罗里达州奥兰多（Orlando）的模拟系统系列项目管理部门（PMFAMSIM）	该系统是美国陆军的一个推演训练仿真系统，能够为在联合作战或合成作战的作战想定下进行训练的营到战区级的指挥员和参谋人员，提供一个比较真实的仿真训练环境
14	空战模拟系统（Air Warfare Simulation，AWSIM）	美国空军	该系统是美军早期作战模拟系统的成功典型，主要用于机组技能训练和指挥所自由对抗演习训练，能够基于聚合级模拟协议（ALSP）进行空战裁决
15	海军空陆特遣部队战术作战仿真（Marine Air Ground Task Force Tactical Warfare Simulator，MTWS）	美国海军	该系统具有演习控制和实时战术对抗模拟功能，能够对军事行动全过程进行指挥控制，适用于检验作战计划和作战命令

（续）

序号	名称	研制单位	简介
16	国家赛博靶场（National Cyber Range，NCR）	BAE系统公司信息和电子系统集成分公司；通用动力公司高级信息系统分公司；约翰·霍普金斯大学应用物理实验室；洛克希德·马丁公司模拟、训练与支持分部；应用科学国际公司；斯巴达公司	其主要使命是模拟赛博空间攻防环境，为赛博空间对抗技术和装备的使用鉴定、效能评估、人才培养以及国家赛博安全检验提供可靠地场所。2008年底开始，美国国防高级研究计划局牵头，60多家企业和研究所参加，计划用6～7年分四个阶段建成国家赛博靶场
17	虚拟控制系统环境（Virtual Control Systems Environment，VCSE）	圣地亚哥国家实验室 Sandia National Laboratories	VCSE提供了一种产生大尺度控制系统检验环境，可以开展赛博安全实验
18	联合训练联邦（Joint Training Confederation，JTC）	美国国防部	JTC是一个支撑联合训练的模型集合，可以通过聚合级模拟协议（ALSP）连接诸军种模型，支持所选择的联合和合同训练演习
19	战争综合演练场（The Synthetic Theater of War，STOW）	美国国家模拟中心（NSC）	STOW是一个实兵、虚拟和推演模拟系统的集成项目，支持未来装备的研究与测试、作战推演与训练，并能与C^4I系统进行连接
20	联合仿真系统（Joint Simulation System，JSIMS）	美国国防部	JSIMS是一个分布式计算机作战训练模拟系统，可以在所有类型军事行动的所有阶段，为分布在全球的上至最高统帅部司令官、下至一般参谋人员的不同用户提供从战略到战术各个层次的模拟训练

（续）

序号	名称	研制单位	简介
21	联合战役仿真系统（Joint Theater Level Simulation，JTLS）	美军战备司令部（USREDCOM） 陆军战争学院（AWC）和陆军军事构想分析局（CAA） 罗兰公司	JTLS是一个计算机辅助的交互式模拟系统，最多可模拟10方参加的空战、海战、陆战、后勤、特种部队作战和情报支援等行动
22	联合冲突战术仿真系统（Joint Conflict and Tactical Simulation，JCATS）	美国联合部队司令部（USJFCOM）发起 联合作战中心（JWFC）管理	JCATS是一个实体级的、可构造的、交互式的训练仿真系统和训练工具，可为作战部队参谋和参战人员等提供命令级训练
23	联合半自动生成兵力系统（Joint Semi－Automated Forces，JSAF）	DARPA 洛克希德·马丁公司	JSAF由“综合战争演练场”系统发展而来。1999年，“综合战争演练场”系统移交给美军大西洋司令部，并更名为联合半自动兵力系统
24	联合多分辨率模型（Joint Multi－Resolution Model，JMRM）	美国联合部队司令部的联合作战中心	JMRM主要用于联合作战计划开发与分析的战区级、多兵种、聚合级模拟推演系统，其中软件部分包括JTLS、JCATS等系统
25	联合实兵虚拟推演联邦（Joint Live Virtual and Constructive Federation，JLVC）	美军联合作战司令部	JLVC联邦由美军联合作战司令部负责研制，其目的是构建一个更加逼真的、更加贴近实战的训练环境，支持从战术到战役各个层面作战人员的训练